农业标准化生产技术丛书

鸭标准化生产技术

YA BIAOZHUNHUA SHENGCHAN JISHU

●浙江省农业技术推广中心　组编

浙江科学技术出版社

图书在版编目(CIP)数据

鸭标准化生产技术 / 周仲儿主编. —杭州：浙江科学技术出版社，2008.11

（农业标准化生产技术丛书 / 浙江省农业技术推广中心组编）

ISBN 978-7-5341-3409-8

Ⅰ.鸭… Ⅱ.周… Ⅲ.鸭－饲养管理－标准化 Ⅳ.S834.4

中国版本图书馆 CIP 数据核字（2008）第 131730 号

丛 书 名　农业标准化生产技术丛书
书　　名　**鸭标准化生产技术**
组　　编　浙江省农业技术推广中心

出版发行　浙江科学技术出版社
　　　　　杭州市体育场路 347 号　邮政编码:310006
　　　　　联系电话:0571-85170300-61711
　　　　　E-mail:zx@zkpress.com
排　　版　杭州兴邦电子印务有限公司
印　　刷　杭州长命印刷有限公司
经　　销　全国各地新华书店

开　本	880×1230　1/32	印　张	4.875
字　数	130 000		
版　次	2008 年 11 月第 1 版	2012 年 4 月第 3 次印刷	
书　号	ISBN 978-7-5341-3409-8	定　价	8.00 元

从书组稿　章建林　　**责任编辑**　詹　喜
责任校对　顾　均　　**封面设计**　金　晖
责任印务　徐忠雷

《农业标准化生产技术丛书》
编 委 会

《鸭标准化生产技术》
编写人员

主　　编　周仲儿

副 主 编　金　良　俞国乔

编写人员　卢立志　俞国乔　周仲儿　金　良
方兰勇　袁国华

序

经过改革开放近30年的发展，特别是近几年建设高效生态农业，浙江省农业综合生产能力大为提高，生产经营方式发生了重大转变，目前正处于由传统农业向现代农业迈进的重要发展阶段。与此同时，浙江省的农业标准化工作也取得了重要进展，标准化意识不断增强，标准化体系不断完善，标准化生产广泛推行，促进了农业整体水平的提升。但是也必须清醒地看到，由于浙江省农业标准化起步较迟，农业生产规模小、农民组织化程度低及文化素质不高，农业标准化尚处在逐步发展阶段，存在着认识不到位、技术不配套、组织不适应、覆盖面不广等问题，迫切需要尽快解决。

农业标准化是农业现代化的基本标志和主要内容。实施农业标准化，是保障农业安全生产、提高农产品质量水平的基础环节，是培育农业品牌、增强市场竞争力的有力举措，是提升产业层次、建设现代农业的必由之路。我们要从全局和战略的高度，充分认识推进农业标准化的重要性，把它与推进中国特色农业现代化建设结合起来，与落实浙江省委、省政府“创新强省、创业富民”要求结合起来，加快农业标准化建设步伐，切实提高工作水平。要按照政府大力推动、市场有效引导、龙头企业带动、农民积极实施的路子，加快构筑科学、统一、权威的农业标准化体系，努力使生产经营每个环节都有标准可依、有规范可循，不断提高农业标准的科学性、先进性、适用性。要大力推广标准化生产，广泛普及标准化知识，积极开展标准化示范区建设。要把推进农业标准化与实施责任农技制度、推广农业技术结合起来，与发展农业产业化结合起来，与保护和培育名牌农产品结合起来，不断提高农业标准化水平，促进农业发展迈上新的台阶。

为帮助广大农技人员和农民群众学习标准化知识，掌握标准化技术，浙江省农业厅组织相关农业专家，围绕浙江省主导产业发展及粮食安全，编写了这套《农业标准化生产技术丛书》，内容包括水稻、双低油菜、蔬菜、西瓜、甜瓜、食用菌、茶叶、蚕桑、柑橘、杨梅、桃、梨、生猪、鸡、鸭、蜂等十多个方面。本套丛书以各产业相关“标准”为蓝本，针对生产实际和农民需要，将优新品种、适用技术等成果寓于标准化之中，突出技术操作规程，突出新品种、新技术的集成配套，力求使复杂“标准”简单“操作”，使标准化知识通俗化、生产规程化、技术模式化，使农民群众看得懂、学得会、用得上。相信通过这套丛书的出版发行，将对浙江省加快实施农业标准化，发展高效生态农业，起到积极的推动作用。

浙江省副省长

2007年12月

前言

鸭子身上全是宝，鸭肉和鸭蛋是老百姓餐桌上常见的食品，通过加工的皮蛋、咸鸭蛋、老鸭煲、鸭头、鸭舌更是美味佳肴；鸭毛又是羽绒制品的重要原料。养鸭业是浙江省一项投资省、见效快、产业链长、经济效益高的传统特色畜牧业。养鸭业的发展为满足城乡居民日益增长的肉、蛋品需求，促进食品等加工业的发展作出了贡献，已成为广大农民增收致富的一条重要路子。

然而，随着规模化、集约化以及片面追求缩短肉鸭饲养周期的密集型、快速型养鸭业的不断发展，鸭子的疫病、对环境的污染以及鸭产品的安全卫生质量问题也日益突出，已不同程度危及到广大消费者的身体健康，也势必影响养鸭业的经济效益和可持续发展，例如前几年国内个别地区发生的鸭蛋"苏丹红"事件就是例证。由于鸭饲养量大、鸭群饲养密度高、饲养管理方式粗放，再加上鸭群与鸭群饲养间隔距离短、活畜禽频繁流通等因素的影响，鸭子特别是肉鸭更容易发生疫病。为预防和减少疫病的发生，在实际生产中，养鸭场(户)常常使用大量的药物和一些保健性饲料药物添加剂，造成了鸭产品中的药物残留，有的甚至严重超标。此外，由于鸭子的嬉水生活习性要求，粗放密集型养鸭业的发展，对周围环境卫生也造成了一定的影响。

为解决密集型养鸭业所存在的一系列问题，多年来，广大科技工作者进行了不懈的探索，通过不断总结经验和广泛深入研究，建立了科学的饲养生产技术、疫病防治技术和管理方式。进入21世纪以来，国家先后制定了一系列无公害、绿色鸭产品的标准化生产技术规范。目前，既能有效保护鸭群健康和高效生产，又能显著减少鸭产品中有害物质残留、确保鸭产品卫生安全质量的标准化养鸭技术已经基本形成。本书从饲养环境控制、兽药等投入品控制、疫病防控到无公害生产技术、管理技术应用以及鸭蛋的收集、保存等方面进行了较系统的介绍。本书的编写出版，旨在帮助广大养鸭生产者，了解和掌握集约化、高效率、高效益养鸭条件下确保鸭产品卫生安全的标准化养鸭生产技术。本书是指导和实施肉鸭和蛋鸭无公害标准化饲养的实用手册。

由于编者水平有限，书中疏漏和不足之处在所难免，恳请广大读者批评指正，以便今后修订、完善。

编　者

2008 年 10 月

目录 Mulu

一、鸭标准化生产技术概论

肉、蛋、奶是畜产品的重要组成部分,是人类赖以生存的物质基础。随着现代养殖业日益趋向于规模化、集约化生产,抗生素、饲料添加剂等投入品的使用大大提高了畜牧业的生产水平,为人类提供了大量的畜产品。但是,有些畜产品也给人类带来了很多有害因子。这些有害因子不仅影响人体健康,而且危及整个人类的生存和发展。这些有害因子,大多是在畜禽饲养过程中产生的。所以,没有畜禽的安全生产,就不可能有畜产品的质量安全,这样的畜产品最终将无法上市销售。因此,在畜禽饲养过程中,生产者必须严格按照标准组织生产,科学合理地使用符合国家要求的兽药、饲料及饲料添加剂等投入品,适时地上市和屠宰,才能生产出符合标准要求的优质农产品,才能保证消费安全和提高产品市场竞争力,从而获得较丰厚的经济收益。

(一)无公害生产的基本概念和相关标准

什么是优质畜产品?优质畜产品按照生产方式、市场定位和安全标准要求等不同分为无公害畜产品、绿色食品、有机食品。其中:无公害畜产品指产品质量达到我国普通畜产品和食品标准的要求,保障基本安全,满足大众消费的初级食用动物及其产品。绿色食品则是指遵循可持续发展原则,按照特定生产方式生产,经过专门认证机构认定、许可,使用绿色食品标志商标的无污染的安全、优质、营养类食品。我国绿色食品的质量安全标准,整体上达到发达国家先进水平,其市场定位主要是国内大中城市和国际市场,以满足更高层次的消费需求。有机食品的质量安全要求则更高,目前在畜产品生产总量中所占比例还很少。

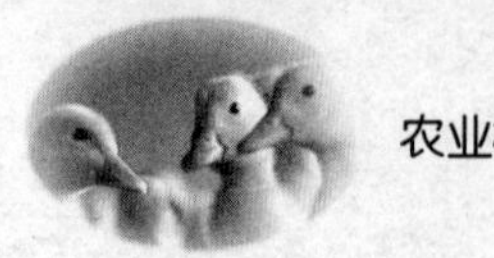

我国2006年11月1日开始实施的《中华人民共和国农产品质量安全法》明确规定：国家引导、推广农产品标准化生产，鼓励和支持生产优质农产品，禁止生产、销售不符合国家规定的农产品质量安全标准的农产品。

本书所要叙述的优质农产品生产是指能够保障基本安全、满足大众消费的优质鸭产品（即无公害鸭产品）的标准化生产技术。

1. 无公害畜产品的基本概念

"无公害"意指对绝大多数人没有危害作用，即无疫病、无残留超标、无污染的"三无"产品。农业部、国家质检总局第12号令《无公害农产品管理办法》中所称的无公害农产品，是指产地环境、生产过程和农产品质量符合国家有关规定和规范的要求，经认证合格获得认证证书，并允许使用无公害农产品标志的未经加工或者初加工的食用农产品。据此，所谓无公害畜产品，是指饲养环境、饲养过程和产品质量符合国家有关规定和规范的要求，经认证合格获得认证证书，并允许使用无公害农产品标志的未经加工或者初加工的食用畜禽产品。

2. 日本、欧美等发达国家对畜产品安全标准的要求

不同的国家有不同的要求，不同的畜禽的具体标准内容也不一样，但总体上要求"三无"，即无疫病、无残留超标、无污染。事实上，在工业高度发达的现代社会，畜产品完全达到"三无"标准是比较困难的，特别是无残留和无污染的要求。因此，各国根据本国实际，制定了相对安全的畜产品安全标准，规定了畜产品无疫病与允许残留的有害物质种类及其在畜产品中的中高残留限量，日本、欧美等一些发达国家规定的安全标准更高，允许残留物种类更少，允许残留量更低。如欧盟为防止疯牛病，禁止饲料中使用肉骨粉，为减少药物残留和产生耐药性，从2006年开始禁止在饲料中使用所有抗生素药物添加剂。美国在畜禽养殖中禁止使用沙星类药物、青霉素、四环素、红霉素、林可霉素、杆菌肽等，多种磺胺类药物禁用于泌乳奶牛。日本2006年开始实施的"肯定列表制度"，规定了几百种残留控制限量指标的，甚至对没有确定限量指标的，

规定一律不得高于0.01毫克/千克(10PPb)。

随着人们生活水平的提高和国际市场竞争的日益加剧，各国特别是发达国家对畜产品质量安全的要求将会越来越高，有的国家甚至制订苛刻的安全标准用于贸易技术壁垒，来限制其他国家的畜产品进入本国,以保护本国消费者和生产者的利益。

我国加入世界贸易组织以来,尽管畜产品价格有较大优势,但由于药物残留等问题,肉、蛋、奶食用畜产品出口比例很低,与国际接轨还有较大差距。

3. 鸭标准化生产的相关标准

鸭标准化生产的标准主要分为无公害生产标准和畜产品残留允许标准。目前,我国采用国际上控制畜产品安全先进的和最有效的方法,即通过对养殖到餐桌全程质量控制,将危害消除或降低到可接受水平。这些标准要求将随经济发展而不断提高。有关畜禽卫生质量的无公害要求，我国有关法律法规等作了具体规定。1997年发布并于2007年修订的《中华人民共和国动物防疫法》规定了①封锁疫区内与所发生动物疫病有关的、②疫区内易感染的、③依法应当检疫而未经检疫或者检疫不合格的、④染疫或者疑似染疫的、⑤病死或死因不明的、⑥其他不符合国家有关动物防疫规定的等六类畜禽及其产品不得上市销售、屠宰加工。《兽药管理条例》规定,禁止销售含有违禁药物或者兽药残留量超过标准的食用动物产品。2002年,农业部发布了第235号公告(见附录一)，规定了畜产品中94种药物的最高残留限量、9种不得残留的药物和31种畜禽禁止使用的药物。近年来,国家还对禽肉及禽副产品、鲜禽蛋发布了无公害标准NY5034-2005(见附录二)、NY5039-2005(见附录三),规定了肉禽、禽蛋及禽肉产品中残留的药物、农药、重金属、微生物及其毒素等最高残留限量。

为达到无公害肉禽及禽蛋标准要求,农业部先后发布并实施了一系列鸭子标准化生产规范和准则,如《无公害禽肉产地环境要求》、《家禽养殖生产管理规范》、《蛋鸭饲料管理技术规范》、《畜禽饲料和饲料添加剂使用准则》、《蛋鸭饲养兽医防疫准则》、《兽药使用准则》等。上述生产标准对兽药、饲料添加剂等投入品的使用和禁用品种、停药期等均作出了明确的规定。如《饲料药物添加剂使用规范》(见附录四)、《禁止在饲料和动物饮用水中使用的药物品种目录》(见附录五)、《食品动物禁用的兽药及其他化合物清单》(见附录六)、《兽药停药期规定》(见附录七)等。

(二)无公害鸭子生产现状与发展前景

1. 我国鸭饲养量居全球首位,无公害生产发展步伐加快

我国是全球最大的鸭生产和鸭产品消费国,养鸭生产和鸭产品消费占有重要的位置。其中绍兴鸭、金定鸭等蛋鸭品种的产蛋性能处于国际领先水平,由北京鸭加工的“北京烤鸭”闻名国内外。改革开放以来,全国鸭子饲养量以平均每年5%～8%的速度递增。尤其是自本世纪初以来,随着我国经济的持续快速发展,人们生活水平的提高,优质畜产品消费需求剧增,国家鼓励引导发展无公害、绿色、有机农产品,进一步促进了养鸭产业的可持续发展。根据联合国粮农组织(FAO)的数据统计,2002年世界鸭总存栏量为9.48亿只,我国存栏量达6.61亿只,占世界鸭总存栏量的69.7%;2005年我国鸭存栏量为7.25亿只,占世界总存栏量的72%左右。2005年,全国鸭肉、鸭蛋、鸭绒初级产品的年总产值已达880亿元。目前,浙江省无公害肉鸭、蛋鸭和鸭蛋的生产已占生产总量的40%左右,我们相信无公害等优质鸭产品的比例将会越来越高。

2. 鸭肉和鸭蛋产品是我国传统营养食品,必将发扬光大

鸭肉和鸭蛋产品是优质动物蛋白来源,风味独特,富含有益于人体健康的不饱和脂肪酸。我国自明朝起就有关于北京鸭具有滋养强身功效的记载,现代营养学家更将鸭肉与鹅肉一起推崇为人类的保健食品。

"北京烤鸭"、"南京咸水鸭"、"两广烧鸭"、"四川樟茶鸭"、"福建卤鸭"、"杭州老鸭煲"等鸭制品和"无铅皮蛋"、"咸鸭蛋"等构成了我国传统饮食文化的重要组成部分,深受我国消费者青睐。"北京烤鸭"、"南京咸水鸭"年消费量均超过3000万只,"杭州老鸭煲"年消费量已突破2000万只。在倡导食品安全、营养、保健的21世纪,高蛋白、低脂、低胆固醇鸭肉产品必然成为食品生产的主旋律。随着鸭产品的营养保健作用被越来越多的人所认知,鸭产品的需求量将会越来越大。

3. 无公害鸭子生产发展方向

今后的总体发展方向:一是改变传统饲养方式。改变肉鸭开放式大棚生产模式、蛋鸭传统的水域放牧、半放牧饲养等落后的饲养方式,逐步推广蛋鸭笼养、室内散养等饲养模式,减少疫病传播机会,保障蛋鸭饮水和采食安全,同时减少养鸭对水资源与环境的污染,促进产业全面升级。二是健全鸭病防治体系。贯彻"预防为主,防重于治"的方针,提倡科学免疫、合理用药;重点提高鸭的生活环境质量、卫生水平、饲料品质和饮水安全;同时强化对设施、工具的清洁和消毒;及时无害化处理粪便、垫料和废弃物等,从源头上阻断病原微生物的侵袭。三是借鉴发达国家家禽生产工艺及技术、有毒有害成分检测技术、兽药使用法规与标准、产品标准等,进一步完善并严格执行我国的有关标准和法规,防止药物残留超标。四是大力发展精深加工鸭品生产,培育名优品牌。将传统的鸭肉、鸭蛋加工方法转变为现代工业化生产,极大地丰富我国鸭肉和鸭蛋食品的种类。同时发挥名优品牌的效应,拓展国内外消费市场,继续保持我国在全球的鸭子生产和消费大国地位。

二、环境条件控制技术

建立鸭场,要本着有利于发挥生产性能、因地制宜、就地取材、经久耐用、勤俭节约和产品安全的原则,合理地选择场址和水源、设计鸭舍、添置用具。

(一)饲养环境控制

1. 地势

鸭场地势以平坦或稍有坡度,南向或东南向为宜,场地要求阳光充足,地势高燥,通风良好,有利于排水。场地的地下水位要求低于地平面2米。山区最好选择向阳坡地,这样既迎向夏季的主导风向,又能防止冬季寒风的侵袭,为鸭舍提供良好的外部环境。

2. 土质

养鸭场应建造在砂壤土上,这样的土壤透气性和透水性良好,能保证场地干燥,导热性小,病原菌、寄生虫、蚊蝇等不易孳生,同时土壤能自净,不致有机物发酵产生氨、硫化氢等有害气体。黏性土壤上不宜建鸭场,因为黏土颗粒很细,黏着力强,对水和空气的通透性差,含水量大,雨后泥泞积水,工作不便,鸭子脚上易黏着污泥,弄脏鸭舍,污染鸭蛋,病原菌容易繁殖,从而降低鸭蛋特别是种蛋的质量。

3. 水源

鸭子日常生活离不开水,经常在水中嬉戏、洗澡、交配等,鸭舍一般建在水源旁边。水深以 1～2 米左右为佳,水面不要过宽,以便鸭子寻找水中动植物饲料;水流要求较为缓慢,来往船只不能过多;水岸不宜过于陡峭,以免鸭子上下水困难;水质要良好澄清,无异味,鸭场周围无屠宰场和工厂污水污染。

4. 交通和位置

为防止污染和传染疾病,鸭场必须远离屠宰场、畜禽加工厂、皮革厂、化工厂、其他畜牧场、居民区等。同时要避免鸭场对人用水源的污染。还应注意环境的安静,与机场、铁路、主要公路、车站、公共娱乐场所及噪音较大的工厂,应有一定的距离,否则不利于防疫卫生,对产蛋率影响也很大。但离交通要道又不能过远,以便于原料和产品的运输。

5. 朝向

鸭舍一般要建在水源的北面, 把鸭滩和水上运动场放在鸭舍的南面,使鸭舍朝向南面。这样设置,冬季吸热采光效果好,夏季通风良好,具有冬暖夏凉之优点,有利于产蛋性能的提高。

如找不到坐北朝南的地址,则朝东南或朝东也可。但鸭舍不能朝西或朝北,否则夏季主导风即南风或东南风吹不到;如朝西,夏天下午炎热的西晒太阳,容易造成鸭群中暑,而到冬天,冬季主导风即西北寒风迎面而来,气温过低,耗料增加,产蛋率也要下降。

6. 其他条件

鸭场选址还要考虑其他许多因素, 鸭场应建在有 “三通”(即能通电、通水、通路)条件的地方,否则将给管理上带来极大的不便,蛋鸭的生产性能得不到充分发挥,经济效益降低。在沿海地区建鸭舍,还要考虑到台风的影响;在山区建鸭场,应避开回风口,等等。总之,要通盘考虑,做好周密计划。

（二）鸭舍建筑

1. 鸭舍的基本结构

鸭舍的基本结构通常包括鸭舍、鸭滩(陆上运动场)、水围(水上运动场)3 个部分,它们的面积之比至少设为 1∶1.5∶3,尽量增加鸭滩和水围面积(见图 1)。

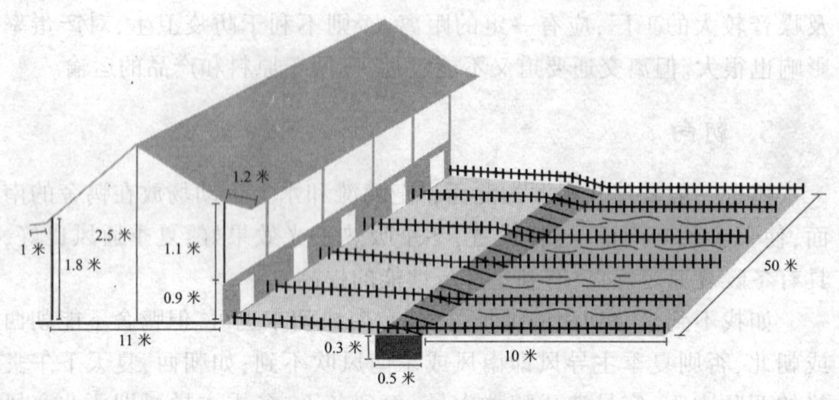

图 1 鸭舍的基本结构图

(1) 鸭舍。鸭舍的最基本要求是遮阴避暑,能防止风霜雨雪、兽害等不良影响。鸭舍宽度一般为 5～10 米,长度根据鸭群大小而定,但最长长度不宜超过 100 米, 而且应分间, 每间形状以接近正方形较为合适,便于鸭群在舍内的转圈运动。鸭舍过于狭长,蛋鸭进舍、受惊作转圈运动时,很易引起拥堵、互相践踏以致造成伤害。

(2) 鸭滩。鸭滩又称陆上运动场,是鸭群运动、梳理羽毛、采食、饮水的处所,要求地面渗透性强、排水良好,可在上面铺砂石、贝壳等物,有条件者,可铺上三合土地面或红砖地面。地面要求平坦,以防止鸭进出扭伤脚部。鸭滩与水面接触的斜坡以 20～30 度为宜,应先以块石砌好,再用水泥沙石修筑。斜坡要深入水中,比全年的最低水位还低,以免水浅时露出水面而易损坏。鸭滩上如能种植落叶针叶树木(因阔叶树木在大风吹动和落叶时会惊扰鸭群)或葡萄更好,便于鸭群避热休息,葡萄架宜高过屋檐,以利通风。

(3) 水围。水围即水上运动场,是鸭群洗澡、交配、嬉戏、采食水生动植物的场所。有条件时,水围面积应尽可能大一些,以免枯水期时水面过小。水围要求水深在 1 米以上、浪小、水流缓慢。水如过浅,则很容易混浊,不利鸭子健康。

2. 鸭舍的屋顶形式

鸭舍的屋顶形式对鸭舍的功能影响较大,可根据不同地区、不同需求因地制宜进行选择,现列举如下几种:

(1) 双坡式("人"字形屋脊)。双坡式屋顶较为普通,此种屋顶的鸭舍跨度较大,保温性能好,但通风采光效果则较差。

(2) 双坡侧窗式。此种形式的鸭舍的通风和采光比双坡式好,但造价稍高。

(3) 带排气天窗的双坡式。通风和采光好,但屋顶结构复杂,造价较高。

(4) 拱顶式。用砖或其他建筑材料砌成半圆形屋顶,屋顶面积小,节约材料,但跨度不大,舍内面积利用率低。

(5) 单坡式。单坡式鸭舍结构简单,跨度小,适于小规模养鸭。屋檐高的一面向阳,因而采光好;屋檐低的一面朝向冬季主导风向,有利于防寒。

(6) 单坡遮阳式。这种形式在南方热带地区较为适用,结构与单坡式相同,只是前檐稍长并设遮阳板。

(7) 联合式。这是一种特殊的双坡式,其前坡较短(约为后坡的 2/3),采光和保温能力优于双坡式,适于寒冷的北方地区选用。

3. 鸭舍的类型

鸭舍按用途可分育雏舍、育成鸭舍和种鸭(产蛋鸭)舍三种。

(1) 育雏舍。

①建筑要求:

保温性能好:由于雏鸭必须要有较好的环境温度,故育雏舍应有较好的保温隔热条件,特别是气温低、昼夜温差大的地区,更要注意尽量选择隔热性能好的材料来建造育雏室的屋顶和墙壁。墙壁要厚,屋顶装天花板,以利于保温。育雏舍内要求安装加温设备,并有稳定的电源。

采光充分,通风良好:鸭舍地面面积与南窗面积之比为8∶1左右,而北窗为南窗的1/2。南窗离地面高度仅0.5米以上,并设气窗,以便既能很好地补充新鲜空气,把室内污浊空气排走,又不致因为通风而使室内气温过多过快下降,并可避免冷空气直吹雏鸭身上。育雏舍还要特别注意杜绝通过墙或门窗缝隙吹进来的贼风。

地面平坦坚实:地面一般要铺用水泥或三合土,有利于排水和清扫。因为地面潮湿不洁对雏鸭危害很大,易造成雏鸭感冒、打堆,诱发多种疾病特别是传染病。

结构坚固:由于老鼠、蛇等兽类会伤害雏鸭,传播疾病,因此墙壁要坚固不破损,窗户、通气孔等处要装铁丝网,以防兽害。

②育雏舍结构:育雏鸭舍供温设施一般设在南墙。北墙则设置1米左右的工作走道,工作走道和雏鸭区用矮墙或围墙隔开,鸭区内隔成若干小区,以防雏鸭大规模"打堆",造成伤亡(参见"三、饲养管理控制技术"相关内容)。靠走道的一侧建一排水沟,上盖铁丝网或毛竹条,其上放置饮水器,使溅出的水马上漏到排水沟中,以保持地面干燥。育雏舍前应设一运动场,场地平坦而略倾斜,以防雨天积水。通常雏舍以砖瓦结构的固定屋舍为多,也可用草舍。

(2) 育成鸭舍。育成鸭体格健壮,觅食力强,对外界环境的适应性好。因此,只要鸭舍能避雨遮阳,室内能保持干燥,有一定的保温、通风、采光功能,就可饲养育成鸭。

①行棚:行棚是用来放牧的简单育成鸭舍。它没有固定的场地,随放牧的鸭群而移动。行棚由一个行棚架(座子)和若干篾帘或塑料布组成。行棚架用木条或竹竿制成,呈拱形,中间高2米左右,底宽约2米。要夜宿时,将棚架搭起,扦在地上,上面用篾帘或塑料布覆盖好,像一只

有篷的船。鸭群、饲养员都在里面休息、过夜，养鸭用具、生活用品也放在里面，大的放牧工具如鸭船，则放在棚边。行棚也可用来饲养产蛋鸭。

②简易草舍：一般简易草舍的前、后檐高约1米，中梁高约2米，宽度约5米，故俗称为“一二五”鸭舍。鸭舍长度依鸭群大小而定。由于其高度较低，结构合理，因而十分坚固。这种鸭舍冬暖夏凉、投资少，故应用较多，但使用年限较短。简易草舍除用来饲养育成鸭外，也可用于产蛋鸭。

③固定鸭舍：育成鸭采用固定鸭舍饲养的情况也在逐渐增加，这种固定鸭舍与种鸭舍差不多，具体参见“种鸭舍”。

(3) 种鸭舍。种鸭舍要求隔热性能好，光线充足，通风良好，地面干燥清洁，要有水面，以供种鸭交配、游泳等。种鸭舍房顶应有天花板或加隔热装置，墙壁厚实，北墙不漏风。窗户面积要大，以利采光和通风，一般要求窗户和地面面积的比例为1∶8左右，并设气窗。为保证夏季通风良好，北墙可设地窗，离地面30～50厘米，使风可直吹到鸭体，同时可加速地面水分蒸发、降温；地窗上应安装铁丝网，以防兽害，寒冷季节则用塑料布等封死。种鸭舍内可设产蛋箱，但南方地区一般直接在鸭舍内靠近墙壁周围用干稻草垫高垫宽(30～40厘米)供种鸭产蛋之用。种鸭舍的面积视鸭群大小而定，每平方米一般可养4～7只种鸭。为保持种鸭舍内干燥，应有排水沟，排水沟上盖铁丝网，饮水器放在铁丝网上。种鸭舍还必须具有配套的水围，即使在条件不具备而旱养时，也应在运动场上人工挖一水池，否则，种蛋的受精率会大大下降。

(三) 养鸭设备和用具

养鸭设备和用具很多，如孵化机具、保温育雏设备、饲喂设备、鸭围、产蛋箱、鸭船等，本书仅选择介绍保温育雏设备和饲喂设备。

1. 保温育雏设备

按供温方法不同，保温育雏设备可分为电热育雏伞、烟道、煤炉、火炕、热水管、厚垫和自温育雏设备等。

(1) 电热育雏伞。电热育雏伞一般用电热丝或红外线灯泡,一般规格的育雏伞边长为100厘米,高67厘米,一个电热伞可育300只雏鸭,但随其功率和直径的变化而变化。电热育雏伞的优点是:卫生方便,不污染室内空气;雏鸭可自由地选择适宜的温度区;育雏效果好;管理劳动强度小,适合大规模育雏。但电热伞保温还需有温度较高的育雏室,或者需要另外的保温设备如煤炉来提高室温。另外,电热育雏伞的设备、能源成本较高。

(2) 烟道。烟道有地下烟道和地上烟道两种。地下烟道称地垄,地上烟道称火垄,我国北方农村的"火炕"实际上也属地下烟道的一种形式。地上烟道有利于发散热量,地下烟道可保持地面平坦,地面利用率较高,也方便管理。烟道建在育雏室内,一头连接炉灶,燃烧煤或谷壳、锯木屑等农家燃料作热源,烟道另一头连接烟囱。烟囱设在另一端,以利热能的充分利用,烟囱应高出屋顶1米以上。建造烟道的材料最好用比热大的土坯,以利保温吸热。用烟道育雏,热量从地面上升,非常适合于雏鸭卧地住处的习惯;烟道保温时地面很干燥,可防止多种疾病的发生,同时,室内空气又好,育雏室各部位又有一定的温差,强弱不同的雏鸭可自由选择适合的地方,因此育雏效果一般都较理想。烟道加热用料可选用农村中丰富的各种燃料,故特别适宜于农村专业户使用(见图2)。

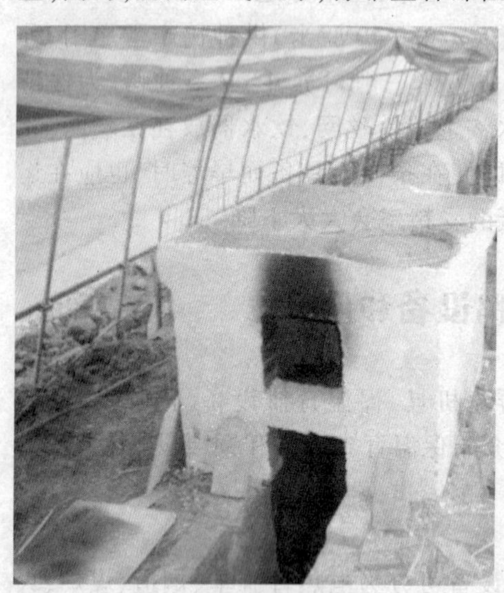

图2 烟道实景图

(3) 煤炉。煤炉加温育雏是农村中很常用的方法,投资少,使用方便。煤炉的进气口设在底层,可以通过调节进气口的大小来控制火势。炉的上方装排烟管,用以散热和排出煤烟,排烟管要接到舍外,并且不能漏气,以防造成雏鸭煤气中毒。煤炉外围一般还要安装一个木制的保温伞，四边长度相等，各为 1.2 米，高 1 米。这种保温伞可育雏鸭 200～300 只。

(4) 厚垫。厚垫育雏实际上是加温育雏和自温育雏相结合的方法。在进雏鸭前，把育雏室彻底清扫、消毒，然后撒一层新鲜的石灰，铺上 5～6 厘米厚清洁、干燥的垫料，垫料可就地取材，如木屑、刨花或切短的稻草等。在育雏的第一周，需要有热源加热，一周后雏鸭调节体温的能力逐渐增强，垫料也开始发酵产热，就逐渐过渡到不加温，但冬季育雏加温时间要适当延长。垫料脏了再铺上一层，其间不清扫，直至育雏结束一次清除垫料。柔软的厚垫既有保温作用，又能发酵产热，发酵时还能消灭许多病原、产生维生素 B_{12} 等，有利于提高育雏效果。

(5) 自温育雏设备。在气温较高的季节，可利用雏鸭本身新陈代谢产生的热量，在无热源的保温器具内进行育雏。其优点是投资少，节约能源，但受外界环境影响较大，在气温过低的冬季不能采用。自温育雏的设备一般自行制作，利用稻草、塑料布、箩筐或芦席等物，制作挡风保温的窝、筐等器具，依靠雏鸭自身的热量相互取暖或通过覆盖物的开合来进行调温。

2. 饲喂设备

(1) 喂料工具。喂鸭的工具种类很多，可以因地制宜，自己制作或选购。最简单的如塑料薄膜、竹席、草席等，适用于饲喂雏鸭。青年鸭和种鸭可用塑料盆、金属盆、陶瓷钵等容器，也可用饲槽。饲槽可选购成品，也可用木、薄铝片、塑料板等材料自己制作，或用水泥砌成。饲槽的形状有多种，其横断面有长方形、半圆形、倒梯形、倒三角形等。选择饲槽时应从实际出发，以不浪费饲料、清理方便为原则。还有一种较为复杂的喂料器——桶式喂料器，一般由金属或塑料做成，由上面的圆筒和下面的浅盘两部分组成。圆筒呈圆柱形或圆台形，无底，下缘与浅盘的底之间有 3～5 厘米的缝隙，浅盘的面积比圆筒大，中间设有一圆锥体。圆筒内的饲料能随浅盘中饲料的减少而自动从缝隙中流出，从而使浅盘中的饲料不会过多，也不会断料(见图 3)。

(2) 饮水器。饮水器的种类、式样很多，如真空饮水器、水槽、对开

图 3　桶式喂料器

的大竹管、水盆等，下面介绍使用最多的水槽和真空饮水器。

①水槽：水槽的材料和结构与饲槽大致相同，但槽口不需有曲进的盘，且稍窄而浅。一般每条水槽由一个水龙头供水即可，水龙头连续开放，让其细水长流，基本上以水槽内保持 1/3～2/3 水深为宜，另外在水槽末端槽壁上缘开一小缺口，让槽内水过多时由此流出。

②真空饮水器：真空饮水器，主要供雏鸭饮水用。制作材料有塑料的(已成大规模生产的规格化产品)，也有铁皮的。这种饮水器的外形及构造与桶式喂料器相似，所不同的是筒的上端是密封的，上端和侧壁不能漏气，在靠近圆盘处有 1～2 个小圆孔，孔的位置约处于圆盘高度的 1/2 处。使用时先将筒倒置装水，罩上圆盘，通过特制的栓销把圆盘与筒吻合固定，然后将整个饮水器翻转过来就可供水，当雏鸭饮水盘中水位低于小圆孔时，就有空气进入筒内，水就又流出来，直到重新盖住小圆孔。根据这一原理，可用广口瓶、饭碗等容器倒扣在圆盆上自己构成真空饮水器，但容器口上应开 1～2 个小缺口。

三、饲养管理控制技术

（一）雏鸭的饲养管理

肉用鸭 0～3 周龄，蛋用鸭 0～4 周龄称为雏鸭。

1. 雏鸭的特点

刚孵出的雏鸭十分娇嫩，适应新环境的能力较差。雏鸭绒毛稀短，自身调节体温的能力差，应创造适宜的环境温度，进行适当保温。雏鸭的消化机能弱，但代谢机能旺盛，生长速度快，肉用鸭 3 周龄体重是初生重的 20 倍，蛋用鸭 4 周龄体重是初生重的 11 倍。因此，需提供易消化、营养丰富而全面的饲料，以满足雏鸭的营养要求。雏鸭抗病力弱，容易患病，必须做好防疫卫生工作。

2. 育雏期的选择

肉鸭生产无明显季节性，可常年育雏。但在我国南方各省蛋鸭生产，一般都在 2 月初开始孵化，至 10 月底结束，具有较强的季节性。应根据饲养目的和自然条件，选择合适的季节，采取相应的育雏技术。

(1) 春鸭。系指从 3 月下旬至 5 月份孵出的雏鸭。在此期间气温逐渐转暖，自然界的饲料资源丰富，5 月中旬正值麦作收割、早稻插秧阶段，放牧场地多，雏鸭生长快、饲料省、发育好、产蛋早，开产后会很快达到产蛋高峰。春鸭适宜作商品蛋鸭，经济效益较高。如作种鸭，要养到第二年春季才能留种孵化，经济上不合算。

(2) 夏鸭。系指 6 月至 8 月初孵出的雏鸭，在此期间气温高，多雨闷热，气候条件不适合雏鸭的生理需要，管理比较困难。由于在此期间农作物生长旺盛，前期放牧场地虽少，但早稻收割后，有15～20天的宽阔放牧期，自然饲料丰富，有利于鸭的生长发育和降低饲料成本。且饲养夏鸭无需考虑保温问题，可以早下水，早放牧。

(3) 秋鸭。系指8月中旬至9月份孵出的雏鸭。在此期间气温由高到低，逐渐下降，雏鸭从小到大，正适合它对外界温度的生理需要。在水稻产区，晚稻的生长期长，收获延续的时间也长，对正在生长的鸭群放牧觅食很有利，饲料较省。如秋鸭留种，产蛋高峰期正是春孵旺季，种蛋价值高。如作商品蛋鸭饲养，产蛋后期正是第二年的秋冬季节，易停产换羽，因而利用期较短，但如饲养管理技术较高，则产蛋期长，经济效益好。

3. 育雏的条件

(1) 温度。雏鸭体温调节机能不健全，其抗寒防热的能力较差，气候变化很容易引起雏鸭发病和死亡。育雏期间合适的温度见表1。

表1 育雏温度

日 龄	室 温(℃)	
	蛋 鸭	肉 鸭
1～3	28～30	31～33
4～6	26～28	28～31
7～10	22～26	22～28
11～15	18～22	19～22
16～21	16～18	17～19

早春和夜间外界气温低，育雏温度应比白天高1～2℃。掌握温度时，应遵循鸭龄由小到大、温度循序下降的原则，切忌忽高忽低，避免温差过大。由于雏鸭的体质有强有弱，外间气温高低不同，与温度密切相关的湿度、通风条件也有差异，因此，观察育雏温度是否合适最好根据雏鸭的精神状态决定。温度过低时，雏鸭挤压成堆，人为分开后，又重新

堆集,此时应适当升温;温度过高时,雏鸭张口喘气,远离热源,烦躁不安,饮水量增加,此时应适当降温;温度合适时,雏鸭散开活动,三五成群,食后静卧无声,伸颈展翅,呈舒展之状。

(2)湿度。育雏舍内空气湿度过低,雏鸭易出现脚趾干瘪、精神不振等轻度脱水症状,影响健康和生长,这种情况往往在第一周出现。当湿度过高时,霉菌及其他致病微生物大量繁殖,雏鸭易发病。育雏第一周舍内空气湿度应保持60%~70%,有利于雏鸭卵黄吸收;第二周以后要求50%~55%。这个时期常出现湿度过大的情况,特别在肉鸭生产实践中,往往湿度过大,饲养管理应注意饮水管理和做好防病工作,保持鸭舍干燥。

(3)通气。4日龄内雏鸭小,呼吸量小,排泄量和产生的污浊气也较少,加之需要保持较高的温度,这段时间适当换气就可以了。随着日龄增长,空气中二氧化碳含量增高,粪便发酵腐败产生氨和硫化氢等有害气体增加,舍内湿度升高,应逐步加大通风换气量,以保持舍内空气新鲜。

(4)饲养密度。指每平方米鸭床上饲养雏鸭的数量。饲养密度过大会因拥挤造成雏鸭生长受阻,影响增重,个体大小参差不齐,死亡率高;饲养密度小,雏鸭生长较快,成活率高,但鸭舍利用不经济。因此,应选择适当的密度(见表2)。

表2 雏鸭饲养密度

周龄	蛋鸭(只/平方米)	肉鸭(只/平方米)	
		地面垫料平养	网上饲养
1	35~28	30~20	50~30
2	28~20	15~10	25~15
3	20~15	10~7	15~10
4	15~12		

4. 育雏方式

雏鸭的培育,按照给温方式的不同,分为自温育雏和人工加温育雏两种方式。按照空间利用方式的不同,又可分为平面育雏和立体笼式育

雏两种方式。

(1) 自温育雏。主要利用雏鸭自身的体温，在无热源的保温器具内,以雏鸭数多少,保温器皿覆盖与否来调节温度。这种育雏方式,节省能源,设备简单,但受环境条件影响较大。气温过低的冬季一般不能育雏。

(2) 人工加温育雏。主要是利用加温设备调节育雏所需要的温度。这种方式不受季节的影响,不论外界的气温高低,均可以育雏。但它要求的条件较高,能源消耗大,育雏费用较高。常用的有煤炉加温、火炕加温、红外线灯泡加温、育雏伞电热加温。

(3) 平面育雏。按地面结构不同又可分地面平养、网上育雏和混合式育雏 3 种。

①地面平养:这是使用最久、最普遍的一种方法。育雏地面上铺上清洁干净的垫料,接雏后将雏鸭直接放在育雏舍的垫料上。雏龄越小垫草越厚(初生雏第一次垫料厚 6～8 厘米),使雏鸭熟睡时不受凉。垫料要求干燥、清洁、柔软、吸水性强。常用的有稻草、谷壳、锯木屑、碎玉米轴等。这种育雏方式的优点是设备简单、投资省、管理方便,缺点是卫生条件较差。

②网上育雏:网上育雏即利用网面代替地面,网的制作材料可以是铁丝、塑料,也可以是木条、竹条等,一般网面距地面 60～70 厘米。网上育雏的最大特点是:环境卫生条件好,雏鸭不与粪便接触,感染疾病的机会少;其次是不用垫料、节约劳力;其三是温度比地面稍高,比地面育雏节约能源,成活率较高。缺点是一次性投资比较大。

③混合式育雏：将育雏地面分为两部分,1/3 的地面设置铁丝网或漏缝地板,网上设饮水器,网下设排水沟,剩下 2/3 是垫料地面。两部分之间有水泥坡面连接,雏鸭采食饮水在网上,休息、活动在垫料地面,对提高育成率和保护育雏舍环境均有利。

(4) 笼育。将雏鸭养在金属笼或竹、木制的笼里,能充分利用鸭舍空间,增加饲养量,但造价高,一般不大采用。

5. 育雏前的准备

育雏前应准备好育雏室、加温保暖设备、育雏饲养设备(垫料、料盆、饮水器等)。育雏室要保温、干燥、清洁、光线充足、通气良好。在进雏前,先全面检查,进行彻底清洗、消毒。应调试好育雏室内的保温设备,不正常的要及时修理或更换。同时,准备好雏鸭饲料及必要药品(如土霉素、氟哌酸等)。在进雏前一天,要先升温到育雏所需的温度,等待进雏鸭。

6. 雏鸭的选择

雏鸭品质的好坏,直接关系到雏鸭本身的育雏率和生长速度,也关系到生长成熟后的生产性能。因此,在购取雏鸭时必须加以选择。优良的雏鸭应选自具有种禽生产许可证,饲养管理、环境条件符合种鸭生产要求的种鸭场所生产的健康雏鸭。

应选择按时出壳,健康活泼,眼睛灵活有神,腹部柔软,脐无出血或干硬痕迹,卵黄吸收良好,全身绒毛松、洁净,脚高、粗壮、挣扎有力,趾爪无弯曲损伤的雏鸭。

7. 雏鸭的饲养

雏鸭出壳毛干后20～24小时就可开水开食。一般在开食之前先开水,也叫"点水"。具体方法是:将雏鸭赶入浅水池(也可用塑料布制作)内,水深不超过3厘米,或装入鸭篓内慢慢浸入水中,以浸没鸭蹼为宜,让雏鸭嬉水并相互啄饮身上的水珠。"点水" 的温度应在15℃以上,"点水"时间为5～10分钟。早饮水能促进雏鸭新陈代谢,有利于排泄胎粪。饮水后将雏鸭放在干软的垫草上,梳理一下羽毛,即可开食。集约化养鸭场给雏鸭开水多采用饮水器或浅水盘, 喂给0.02%的氟哌酸或多种维生素水,可预防肠道疾病并补充维生素。第一次喂水时,应分群分栏进行,对没有开水的雏鸭进行调教,并做到饮水器内不断水。开食的饲料多用夹生籼米饭,用清水淋一下,撒在草席或塑料布上,让鸭啄食,做到随吃随撒。个别不会吃食的雏鸭,应捉出单独圈养,引诱其啄食。前3

天不能喂得太饱，以免引起消化不良。应掌握少喂勤添的原则，每次喂8成饱，每天喂6～8次。3天后，雏鸭体内残余的蛋黄已吸收完毕，对营养的需求迅速增加，因此，应逐渐掺喂全价雏鸭料，5天后全部改用全价雏鸭料。但每天喂料要注意雏鸭的消化情况，随时进行调整。如发现食道膨大部还积存较多的饲料，就要减少当餐的喂料量。喂料要定时，让鸭吃饱，并且每次喂食后要让雏鸭饮水。现代化养鸭已用全价雏鸭颗粒饲料开食。雏鸭每日喂料次数见表3。

表3　雏鸭每日喂料次数

日　龄	喂料次数
1～10	8
10～20	5～6
20～28	3～4

8. 雏鸭的管理

(1) 掌握合适温度，切忌忽高忽低。雏鸭个体小，绒毛短，适应不了外界温度变化。温度过低，雏鸭容易着凉拉稀；温度过高，容易引起食欲下降或呼吸器官的疾病。因此，应按适当的温度标准，随时调节温度，以维持雏鸭正常生长发育所需的温度。如果限于条件，达不到育雏所需温度时，略低1～2℃也可以，只要做到比较平稳就好，切忌给温时高时低，因为忽冷忽热的环境最容易导致疾病，降低雏鸭成活率。

雏鸭温度的管理，最关键的是第一周，尤其是头3天最重要，必须昼夜有人值班，细心照料，决不可掉以轻心，以免造成不可挽回的经济损失。

(2) 及时分群，严防打堆。雏鸭常因温度变化而相互堆挤在一起，俗称“打堆”。被挤压在中间或底部的鸭，重则窒息死亡，轻则全身“湿毛”，俗称“蒸窝”，不但易使雏鸭感冒致病，而且易造成僵鸭。因此，培育雏鸭必须要严防打堆。特别是温度偏低，刚采食饮水后休息睡觉时，更应随时注意检查,发现打推,要及时分开。分堆工作从育雏开始,一直到15日龄左右,但关键是在10日龄以内,尤其是5日龄内的雏鸭。

分群是根据雏鸭生长快慢、体质强弱,分别在7、14、21日龄进行,对弱雏要补饲,对病雏要隔离治疗或淘汰,以保证鸭群生长发育整齐,提高成活率。

(3) 从小调教下水,逐步锻炼放牧。雏鸭神经敏感,胆子较小,下水要从小开始训练,不能因为雏鸭怕冷、胆子小、怕下水而停止。开始1~5天,可以与雏鸭"点水"结合起来,即在鸭篓内"点水"。5日龄后就可让其自由下水活动了。放水时间,开始时每天1~2次,每次约5分钟,1周后增加到3~4次,每次约10分钟,以后逐渐延长放水时间。水温以不低于15℃为宜。每次放水后都要在运动场避风处休息、理羽,待羽毛干后,再赶回舍内。寒冷天气可减少下水次数或停止下水,以免受凉。炎热天气,中午不能下水,防止中暑。

1周龄后,即雏鸭能够自由下水活动后,就可以进行放牧锻炼。开始放牧宜在鸭舍周围,适应以后,可慢慢延长放牧路线。水稻田、浅水河沟或湖塘,种植荸荠、茭白的烂水田,种植莲藕、慈姑的浅水池塘,这些地方水草茂盛,昆虫孳生,浮游生物多,是雏鸭放牧的好场所。放牧的时间要由短到长,逐步锻炼。开始每次20~30分钟,逐渐延长至1~1.5小时。放牧次数也不能太多,雏鸭阶段,每天上下午各放牧一次,中午休息。

(4) 搞好卫生管理,保持圈舍干燥。随着雏鸭的日龄增大,粪便不断增多,极易污染垫草。污秽、潮湿的环境,既易将雏鸭的绒毛沾潮、弄脏,也有利于病菌微生物的繁殖。因此,必须及时打扫清理,勤换垫草,保持舍内的干燥清洁。加强通风换气,保持舍内空气新鲜。喂料用具每次喂饲后清洗干净,晒干备用,保持饮水卫生。同时做好消毒等疫病预防工作。

(二) 蛋鸭育成期的管理

蛋鸭自5周龄起至16周龄,称为育成期,通常也称为青年鸭。这是从育雏期到产蛋期的一个过渡阶段。青年鸭生长发育快，羽毛着生迅速，又要生长骨骼和肌肉，因此需要的营养物质较多。此时期鸭的觅食能力、消化能力以及对外界环境适应能力都大大增强。养好青年鸭对以后适时开产及产蛋率的高低影响极大，必须重视做好饲养管理工作。

青年鸭的饲养，可分为放牧饲养及圈养两种方式。

1. 青年鸭的放牧饲养

蛋用型麻鸭体型较小，行动灵活，觅食力强，适宜放牧饲养。放牧饲养可使鸭体健壮、节约饲料、降低饲养成本。放牧饲养要结合当地条件和农事季节，充分利用海涂、河沟、湖泊、江滩、稻田、麦地等牧地放牧，觅食天然饲料，并视觅食天然饲料饥饱程度适当补料。放牧时要注意以下几点：

(1) 平时要训练好口令或音响，使鸭听从人的指挥，以便于管理。

(2) 上下河岸必须选择坡度小而宽阔的地方，避免拥挤和践踏现象发生。

(3) 放牧地不宜太远，炎热的中午和遇台风暴雨时不宜放牧，以免中暑或受凉感冒。放牧时遇刮风下雨，应及时收牧或赶到避风遮雨的地方休息。

(4) 鸭群休息应选择平坦广阔的河滩或有草的偏僻区，防止糟蹋庄稼。

(5) 在水中以逆水放牧为好，便于鸭子觅食。

(6) 在有风天气，应逆风放牧，以免鸭毛被风吹开而受凉。

(7) 夏季中午水温较高时，不应让鸭在水中停留。

(8) 傍晚收牧时，对鸭群必须逐一点数，倘有走失，应及时找回。

(9) 下列地点不能放牧：刚施用过农药、除草剂或化肥的地方；带有传染病鸭子走过或发生过疫病的地方；秧苗刚插下或已经扬花结穗的稻田；水面辽阔、水流湍急的地方。

2. 青年鸭的圈养

近年来，由于耕作制度的改变和农业生产责任制的落实，放牧的条件有了变化,大多数地方都采用了"圈养"的方法,即育雏结束后将青年鸭圈在固定的鸭舍和水围内,不外出放牧。下面着重介绍这种管理方法。

(1) 饲养。青年鸭圈养的规模可大可小,但每个鸭群的组成不宜太大,以 500 只左右为宜。分群时要尽量做到日龄相同,大小一致,品种一样,性别相同。饲养密度随鸭龄、季节和气温不同而变化,一般按以下标准掌握:4～8 周龄,每平方米 15～12 只;11～16 周龄,每平方米 10～8 只。

青年鸭的饲料全部采用配合饲料每天喂 3～4 次,不用玉米、稻谷、大麦等单一原粮。配制青年鸭日粮时,应适当降低蛋白质及能量水平,以防止鸭子早熟和身体过肥。据试验研究,青年鸭日粮以含粗蛋白质 14%,代谢能 11.22 兆焦 / 千克的水平较为适宜。此外,还应注意钙、磷及微量元素等的平衡。如条件许可,青年鸭应增加青绿饲料的喂量,以促进鸭体质强壮,同时也可节约配合饲料用量。

(2) 管理要点。

①适当加强运动,促进骨骼和肌肉发育,防止过肥。每天应多放鸭到运动场,适当增加放水次数,延长每次放水时间。

②多与鸭群接触,提高鸭子胆量,防止惊群。青年鸭胆子小,蛋用品种神经尤其敏感。为此,饲养人员要利用喂料、喂水、换草等机会,多与鸭群接触。如喂料时,人可以站在旁边观察采食情况,让鸭子在自己的身边走动,锻炼鸭子胆量,提高鸭群抗应激能力。

③控制光照,防止早熟。育成期的鸭不宜采用强光照明,光照时间也要控制,每天的光照时间稳定在 8～10 小时,110 日龄前不宜增加,如利用自然光照,以下半年培育的秋鸭较为适宜。但为了便于鸭子夜间饮水、采食,防止兽害,舍内应有通宵弱光照明。如 30 平方米的鸭舍,挂一盏 15 瓦的白炽灯即可。必须注意:长期处于弱光通宵照明的鸭群,一旦遇到突然停电,常常会引起严重惊群,造成很大死亡。故遇停电时,应立即用煤油灯照明,决不可延误。

④建立稳定的作息制度。要根据鸭的生活习性,制订操作规程,定时作息,形成制度,尽量保持稳定,不要轻易变更。

⑤称重与合理分群。育成期每2周随机抽称5%的鸭的个体,求平均体重,然后与所养品种的标准体重进行对照。如超过标准重,则应适当减料;如低于标准重,则应适当加料。此外,对于过肥和过轻的鸭,均应分群,对过肥鸭应限制喂料量,对过轻的则应多加饲料量。通过这些措施使大群与标准体重相一致或接近,这样的鸭群日后产蛋水平较高。

⑥预防传染病。青年鸭主要的传染病有鸭瘟、禽霍乱、禽流感3种,可接种疫苗(菌苗)预防,免疫程序为:60～70日龄,注射1次禽霍乱菌苗;70～80日龄,注射1次鸭瘟弱毒疫苗;110～120日龄,再注射1次禽霍乱菌苗;110日龄,注射1次禽流感疫苗。注意接种疫苗,必须在开产前完成。进入产蛋期后,应尽可能避免捉鸭打针,以免影响产蛋量。以上程序也适用于放牧鸭。

(三)产蛋鸭和种鸭的饲养管理

母鸭从开始产蛋到淘汰,均称产蛋鸭。一般蛋用型麻鸭的产蛋期约360天(140～500日龄),产蛋结束,即被淘汰。

产蛋鸭产蛋期的饲养管理, 主要以提高产蛋量和蛋重, 减少破损蛋,节约饲料、降低鸭群的死亡率和淘汰率为中心。因而该阶段饲养管理的中心任务就是: 尽一切可能创造一个能够连续高产稳产的客观环境,获得量多质好的商品蛋。

1. 产蛋鸭的特点

(1) 胆大。与青年鸭时期完全不同,产蛋以后,胆大、喜欢接近人。

(2) 觅食勤。无论圈养和放牧,产蛋鸭(尤其是高产鸭)最勤于觅食。

(3) 性情温顺、喜欢离群。开产以后的鸭子,性情温顺,进舍后就独自伏睡,不乱跑乱叫,放牧出去,喜欢单独活动。

(4) 对饲料要求高。由于连续产蛋的需要,消耗的营养物质特别多,如饲料中营养物质不全或比例不平衡,则产蛋量下降,蛋重变轻,蛋壳变薄,或蛋的内容物变稀薄,鸭的体重减轻,严重时甚至停产。因此,在产蛋期间,必须饲喂优质的全价配合饲料,以满足鸭产蛋的营养需要。

(5) 要求环境安静,生活有规律。饲养产蛋鸭,鸭舍内要保持相对安静,谢绝闲人进舍参观,避免各种动物进舍惊扰。同时要保持较稳定的休息时间及饲养管理制度,任何突然变化都会引起蛋鸭的减产或停产。

2. 产蛋鸭的饲养及管理

(1) 掌握适时开产。产蛋鸭开产日龄因品种不同而异,但过早或过迟开产都会影响总产蛋量。蛋鸭饲养到100～110日龄后,鸭群发育日趋成熟,体重达到1.3～1.5千克,羽毛长齐并富有光泽,叫声洪亮,举动活泼。有以上表现的母鸭占鸭群多数时,即可适时开产。这时饲料中精料要逐步增加,粗料要减少,及时补充动物性饲料。日粮中粗蛋白水平可提高到16%～17%,加强饲养管理,使开产后产蛋率迅速上升。

(2) 饲喂全价饲料。圈养蛋鸭要饲喂全价配合饲料,在配制饲料时,要保证饲料品种多样化和相对的稳定。饲料中应配比一定比例的动物性原料(如鱼粉应占3%左右),对保持蛋鸭高产稳产有明显作用。同时,根据外界气温高低,适当调整蛋白质与能量比例,以保证产蛋的营养需要。为促进舍饲蛋鸭对饲料的消化,应在运动场设沙砾槽,让鸭自由摄取。

(3) 光照管理。光照的主要作用是促进滤泡成熟并排卵。之所以在培育期内控制光照时间,其目的是防止青年鸭过于早熟。青年鸭即将进入产蛋期时,要逐步增加光照时间,提高光照强度,以促进卵巢的发育,达到适时开产。进入产蛋高峰期后,要稳定光照制度(光照时间和光照强度),以保持连续高产。

开放式鸭舍光照制度为:一般自然光照时数12～13小时,当产蛋率达5%时,每周增加30分钟,直到每天光照达到16小时止,光照强度为5～8勒克斯,约15平方米的鸭舍装一盏25瓦的灯泡即可。

进入产蛋期的光照原则是:只宜逐渐延长,直至达到每昼夜光照16～17小时,不能缩短;不可忽照忽停,忽早忽晚;光照强度不可时强时弱,只许渐强,直至达到每平方米8勒克斯,否则将使产蛋的生理机能受到干扰，影响产蛋率。

(4) 不同产蛋期的管理要点。我国目前生产中较著名的蛋鸭品种如绍兴鸭、金定鸭等，大多在140～150日龄时已达50%的产蛋率，至200日龄时可达产蛋高峰(90%)。这时，如饲养管理得当，高峰期可维持较长一段时间，至400日龄后，才开始有所下降。因此，可将蛋鸭的产蛋期分为四个阶段：

140～200日龄——产蛋初期

201～300日龄——产蛋前期

301～400日龄——产蛋中期

401～500日龄——产蛋后期

在这四个阶段中，饲养管理方法稍有不同，其要点如下：

①产蛋初期和产蛋前期的管理要点：新鸭开产后，身体健壮，精力充沛，群体产蛋率不断上升，此期的饲养管理重点是，尽快把产蛋推向高峰。在饲料营养方面，应按蛋鸭产蛋高峰期营养标准饲喂，适当增加饲喂次数（晚上9～10点必须加喂一次），每只鸭日平均采食量应达150克左右。此期的光照时间应逐渐延长，达到并保持每天光照16小时为止。

本阶段饲养管理是否恰当，可从以下3个方面观察：

a. 蛋量的增加趋势：初产时蛋很小，只有40克左右，到200日龄时，可达全期平均蛋重的90%左右，到250日龄时，可达标准蛋重。产蛋初期和前期，蛋重都处在不断增加之中，即蛋越生越大，蛋增重的势头快，说明饲养得当；增重的势头慢或下降，说明饲料不好或管理不当，应采取措施给予改进。

b. 产蛋率上升趋势：此期的产蛋率不断上升，一般到200日龄，最迟到230日龄时，产蛋率应上升到90%以上。产蛋率上升慢或高低徘徊，甚至出现下降，就要从饲养管理上找原因(主要应分析饲料质量)，并采取相应措施。

c. 体重变化：体重很能够反映蛋鸭健康状况及饲养管理是否合适。因此，首先要称蛋鸭开产体重(达50%产蛋率时鸭体重)，然后在产蛋至210～300日龄时，每月称重1次，与开产体重比较，如体重维持原状或略有下降,说明管理恰当;如下降过多(50克以上),说明饲料营养不足,要提高饲料质量;如体重增加,则说明饲料营养水平过高或饲料营养不平衡,要适当调整饲料营养水平。

②产蛋中期(301～400日龄)的饲养管理要点:此阶段产蛋率已进入高峰期,经过100多天的连续产蛋,体力健康状况已不如产蛋初期和前期,饲养管理上稍不谨慎,就要掉蛋(产蛋量下降),甚至出现换羽。这个阶段是比较难养的阶段。本阶段饲养管理的目标是保高峰,力求使产蛋高峰维持到400日龄以后,因此必须注意以下问题:营养上保证满足高产的需要,日常操作程序要保持稳定;每天光照时数应稳定在16小时,不能缩短;室内温度要维持在8～30℃之间(最适产蛋温度15～20℃),低于或高于这个标准,应采取保温和降温措施。

本阶段饲养管理是否恰当,主要看产蛋率是否能稳定在高峰期的目标。此期的蛋重也比较稳定。如蛋重下降,则是不祥之兆,应分析原因,寻找对策。体重也应维持在初产时的水平,仍需定期进行称重。在日常管理工作中,还要注意以下三点:

a. 观察蛋壳质量:如蛋形、壳质正常,是好的;蛋形变长,蛋壳薄、有沙点,甚至生软壳蛋,说明饲料质量不行,特别是钙不足或维生素D缺乏,要立即进行补充,否则要减产。

b. 观察产蛋时间:正常产蛋时间为深夜2～3点,产蛋时间集中。若鸭群推迟产蛋,甚至白天产蛋,鸭舍内蛋生得分散、不集中,则是不祥之兆,如不采取措施,将要减产。

c. 观察鸭群的精神状态:产蛋率高的鸭子,精力充沛,下水后精神活泼,出水后羽毛光滑不湿。如鸭子精神不振,行动无力,放出后怕下水,下水后羽毛沾湿,甚至下沉,说明鸭体质较差,要立即加强管理,增加营养,如加喂动物性鲜活饲料,并按每只每天0.5毫升鱼肝油,连喂10天。

③产蛋后期(401～500日龄)的饲养管理要点:蛋鸭经过8个多月的连续产蛋以后,其产蛋率一般均会出现不同程度的下降。但对于高产品种(如绍兴鸭),如饲养管理得当,仍可保持80%以上的产蛋率。

此期的管理要点是:根据鸭子体重和产蛋率确定饲料的营养水平

和饲喂量。如果鸭群的产蛋率仍在80%以上,而鸭子的体重正常或略有减轻,可按原饲料营养水平喂给;如果鸭子体重增加,身体有发胖的趋势,但产蛋率仍达80%左右,这时可适当降低饲料能量水平,但蛋白质等营养物质应保持不变;如果产蛋率已降到70%以下,此时已难以回升,应及时淘汰。

每天继续保持16小时光照。管理上要多放少关,促进运动。操作规程要保持相对稳定,避免一切突然的刺激而引起应激反应。注意气候剧变时的影响,保持鸭舍内小气候的相对稳定。

(5) 不同季节的饲养管理要点。上述不同产蛋时期的饲养管理方法,是以蛋鸭本身的特点和需求为基础的,但在不能完全控制环境条件的情况下,产蛋鸭尚受到气候、温度、湿度、光照等诸因素的影响。因此,应根据不同季节的特点,采取相应的饲养管理技术。

①春季的管理要点:春季气温逐渐转暖,日照时数逐日增加,气候条件对产蛋很有利,要充分利用这一有利因素,促使鸭子多产蛋。首先应提供产蛋鸭全价日粮,满足产蛋鸭对各种营养物质的需求。其次,初春时节偶有寒流侵袭,还要注意保温;而春夏之交,气候多变,要注意鸭舍内的干燥和通风。当气温回升后,舍内垫料不要积蓄过厚,要定期清除、消毒。平时应注意搞好舍内外清洁卫生工作。此外,春季也是鸭子传染病的多发流行季节,应做好防疫工作。

②梅雨季节的管理要点:我国南方各省每年6月上旬开始进入梅雨季节,至7月上旬出梅。梅季常常阴雨连绵,气温高,湿度大,饲料、垫草极易发生霉变。此时的管理重点是防霉和通风,具体措施有:敞开鸭舍门窗(草舍应将前后的草帘卸掉),充分通风换气,勤换垫草,保持舍内干燥,严禁使用发霉垫草铺垫鸭舍。疏通排水沟,保持运动场整洁,不可积有污水。要严防饲料霉变,已发霉的饲料绝对不能喂鸭,以免鸭子发生霉菌性疾病。鸭舍要定期消毒,并对鸭群进行一次驱虫。

③盛夏季节的管理要点:6月底至8月份,是一年中最炎热的时期,此时若管理不好,不但产蛋率下降,甚至还要死鸭。如精心管理,产蛋率仍可保持较高水平,此期的管理重点是防暑降温。管理措施有:敞开门窗(草舍四周的草帘全部卸掉)加强通风换气,有条件的可装排风扇或

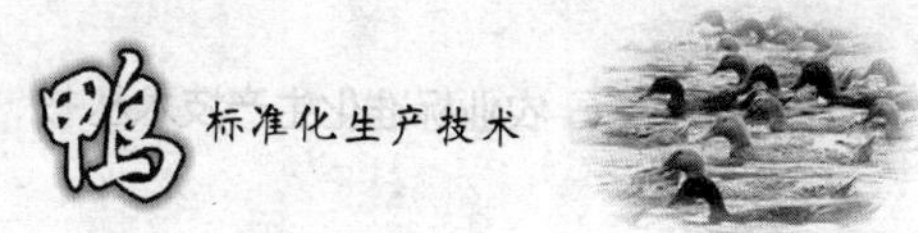

吊扇;运动场搭凉棚或种植藤蔓植物(如葡萄、丝瓜等);早放鸭、迟关鸭,增加中午舍内休息时间。天气炎热的晚上可让鸭在露天过夜,但须点灯,以防兽害;到午夜零点再赶鸭入舍产蛋;饮水供应必须充足,最好饮凉的井水;多喂青绿饲料,促进鸭子食欲,提高日粮中粗蛋白质的含量,饲料要新鲜,现吃现拌,增加早晚凉爽时的喂饲量;适当降低饲养密度;要防止雷阵雨袭击,雷雨前赶鸭入舍;平时要注意搞好舍内外清洁卫生工作。

④秋季的管理要点:9~10 月份,正是冷暖空气交替的时候,气候多变,日照逐日缩短,如果养的是上一年孵出的秋鸭,经过大半年的产蛋,机体消耗大,稍有不慎,就要停产换羽。此期管理措施是:补充人工光照,使每日光照时间稳定在 16 小时;克服气候多变的影响,尽量使鸭舍内的小气候保持相对稳定;适当增加日粮营养水平,日常操作规程要保持稳定;对鸭群进行一次挑选,淘汰低产或停产的鸭子。

⑤冬季的管理要点:11 月底至次年 2 月上旬, 是一年中最冷的季节,也是日照时数最少的时期。故冬季产蛋条件最差,常常是产蛋率最低的一个时期。冬季的管理重点是防寒保温,管理措施有:关好门窗(草舍应挂上草帘),防止贼风侵袭,北窗必须堵严;舍内厚垫干草,保持干燥;提高饲养密度(8~9 只 / 平方米);鸭舍内温度最低应保持在 5℃以上。提高日粮中代谢能的浓度(11.51~11.72 兆焦 / 千克)或降低粗蛋白质含量(16%~18%),最好饮用温水。早上迟放鸭,傍晚早关鸭,控制下水时间,上、下午气温升高后各洗澡一次,每次 10~15 分钟。补充人工光照,每日光照保持 16 小时。每日放鸭出舍前,要先打开门窗,并在舍内操鸭 5~10 分钟,促使鸭多运动,以适应舍外低温环境。遇结冰下雪天气,要先清除运动场积雪,敲破冰层,待气温上升后再放鸭。

(6) 产蛋鸭的作息制度。为了提高蛋鸭的产蛋量和保持鸭群的健康,饲养管理工作每天都要按着一定的规律进行。下面是产蛋鸭饲养日常操作规程,供参考。

①早晨(5:30~8:00,视季节而变化,冬季迟,夏季早):

a. 放鸭出舍,水面撒水草,让鸭群在水中洗澡、交配、食草。

b. 进鸭舍捡蛋,观察并记载鸭蛋数量、重量及质量情况。

c. 将饲料盆、水盆拿出、洗净，置于运动场上。

d. 观察鸭粪状态(分析饲料消化情况)。

e. 拌好饲料，进行第一次喂食。

②上午(8:30～11:00)：

a. 在水面撒水草，喂青饲料。

b. 舍内打扫，铺上干净的垫草。

c. 拌好第二餐饲料，将水盆、料盆清洗后移至舍内，加好饲料和清水。

③中午(11:00～13:00，视季节而定)：赶鸭入舍，吃食后休息。

④下午(13:30～17:30，视季节而定)：

a. 放鸭出舍，在水面撒草，让鸭群在水中吃草、交配、洗浴。

b. 将舍内料盆、水盆拿出，清洗后置于运动场上。

c. 拌好饲料，15:00～16:00 喂第 3 次饲料。

d. 进鸭舍再铺垫一次干草。

e. 将料盆、水盆移进舍内，加足饮水，16:30～18:00 赶鸭入舍(随季节而定)。

f. 舍内开亮电灯。

⑤晚上(21:00～22:00)：入舍检查一次，喂第 4 次饲料，加满饮水。22:00 将亮电灯关掉，只留弱光通宵照明。

3. 种鸭的饲养管理

种鸭的饲养管理基本同商品蛋鸭，只是饲养目的不同，饲养种鸭是为了得到高质量的种蛋，因此，对饲养要求更高，其要点是：

(1) 养好公鸭。种蛋受精率的高低与公鸭的关系最大，要求公鸭体质强壮，性器官发育完全，性欲旺盛，配种能力强，精子活力好。在育成期阶段，公、母鸭应分群饲养。配种前 20 天，放入母鸭群中，要多放水、少关饲，创造条件引诱并促使其多配种，提高种蛋受精率。

(2) 公母配比。蛋用型种鸭，公鸭配种能力强，公母配比 1∶(20～25)，受精率可达 90%以上。公鸭放入母鸭群前，应逐只检查，及时淘汰性器官发育不良的个体。

(3) 加强饲养。除按商品蛋鸭的营养需要供给外,还要多喂青绿饲料及维生素,特别是能提高种蛋受精率和孵化率的维生素 E 应适当增加。提高蛋白质饲料的品质,减少菜籽饼、棉籽饼的用量,增加鱼粉、豆粕用量,并注意氨基酸的平衡,特别是赖氨酸、蛋氨酸、色氨酸应满足需要。

(4) 搞好管理工作。舍内的垫草必须干燥清洁,尤其是产蛋的地方,更要保持干燥。舍内通风必须良好,保证室内空气新鲜。早放鸭、迟关鸭,延长种鸭放水时间。及时收集种蛋,不要让种蛋受潮、受晒、被粪便污染。种蛋应保存在通风良好的室内,每隔 5 天入孵一批。

(四) 肉用鸭的饲养管理

1. 肉用仔鸭

肉用仔鸭通常指 0~7 周龄的肉鸭,3 周龄以前的雏鸭培育如前所述。从第四周开始转入肥育期饲养。肥育的目的,就是要使肉鸭在短期内长得快,增加可食部分的比重,改善肉的品质,提高经济效益。肉鸭肥育方法分为自食肥育法和填饲肥育法两种。填饲肥育法在北京等地使用较多,填肥后适宜作烤鸭。因此,这里仅对自食肥育法作重点介绍。

自食肥育法可节省大量填饲的人工,提高劳动生产力,还可减少体内脂肪含量,提高瘦肉率,改善肉的品质,其饲养管理要点如下:

(1) 饲养密度。由育雏室转到肉鸭舍或由网上饲养转为地面平养时,饲养面积应逐步扩大,4 周龄时每平方米饲养 7~8 只,5 周龄时每平方米饲养 6~7 只,6 周龄后每平方米饲养 4~6 只。

(2) 日粮营养水平。要求提供高能高蛋白饲料,具体可参照肉用仔鸭饲养标准。

(3) 饲喂方式。配合全价饲料最好加工成颗粒料,喂颗粒料鸭采食量大,增重快,饲料浪费少,节省劳力,饲喂方式简单,可采用饲料箱喂料一次加足,任其自由采食。如喂粉料,需用水拌湿,将饲料倒入饲料盆内喂给,一昼夜喂 4 次。不管采用何种饲喂方式,饮水应充足,不得中断。此外,鸭舍内应设置沙砾盘,供其自由采食。

(4) 定时水浴。肉用仔鸭可以旱养,整个饲养期内不放水。如有水面条件,应定时水浴,一般每次喂料后放鸭到水池中洗浴,每次 10～15 分钟,但自 6 周龄起要适当控制下水活动时间,以减少能量消耗。

(5) 保持鸭舍干燥、清洁。舍内勤换垫草,加强通风换气,保持舍内清洁干燥卫生,这是养好肉用仔鸭的关键之一。运动场应平整、清洁、无积水。夏天在运动场上要搭棚遮阴。

(6) 适当分群。按大小强弱分成若干小群饲养,每群鸭数为 300 只左右。体重和肥度达到要求后,应及时出售,不可久养。

2. 肉用种鸭的饲养管理

(1) 育成期的限制饲养。从 50 日龄(或 7 周龄)至开产(180 日龄)这段时间称育成期。此期的饲养特点主要是对鸭子进行限制饲养,即有计划地控制喂料或限制日粮的能量和蛋白质水平。其目的在于防止鸭在育成期内体重过大、过肥或性成熟过早(提前产蛋),以免降低将来的产蛋量,以及考虑到节约饲料、节省培育费用等而在饲养上所采取的技术措施。

限制饲养的具体方法是:

①降低日粮的营养水平。计划留作种用的肉鸭,饲养到 50 日龄(7 周龄)后,应将日粮中的粗蛋白质含量降至 12%～13%,代谢能降至 10.87～11.28 兆焦 / 千克,这样可维持鸭的正常生长发育,又不至于使鸭体重过大、过肥或过早产蛋。

②减少饲喂次数。采用这种方法时,饲料的营养水平为粗蛋白质 15%左右,代谢能 11.70 兆焦 / 千克左右。饲喂次数由每日 4 次改为 2 次,减少每日饲料供给量,以控制种鸭体重。

限制饲养必须注意以下几点:

①限饲前应将体重过小的病弱鸭挑出,及时淘汰。

②保证每一只鸭都能同时吃到饲料,这就需要有足够的料槽和水槽。每只鸭食槽占有位置为 10～12 厘米,以保持鸭群生长发育的均匀度,提高限饲效果。

③定时进行体重抽测，最好每周或每两周抽称 1 次，每次抽测的数量为群体数的 5%左右，以观察体重增加情况，然后根据标准体重要求(表 4 为北京鸭的体重参考)，适当调整限饲计划。

表 4　北京鸭生长期体重(Ⅱ型鸭标准)

周龄	公(千克)	母(千克)	周龄	公(千克)	母(千克)
4	1.65	1.60	14	2.60	2.50
5	1.85	1.80	16	2.65	2.55
6	2.00	1.90	18	2.75	2.60
7	2.20	2.00	20	2.80	2.68
8	2.20	2.10	22	2.85	2.75
9	2.30	2.20	24	2.95	2.80
10	2.40	2.30	26	3.00	2.85
12	2.50	2.40	28	3.10	2.90

表 5　肉种鸭光照时间表

周龄	每昼夜光照时间(小时)	开灯时间
3 天内	24	夜间全开灯
4 天～2 周	22	21:00～23:00 关灯
3	20	21:00～1:00 关灯
4	18	21:00～3:00 关灯
5	10	21:00～5:00 关灯
6～7	14	19:00～5:00 关灯
8～24	自然光照	夜间不开灯
25	14	19:00～5:00 关灯
26～27	15	20:00～5:00 关灯
28～29	16	21:00～5:00 关灯
29 周以后	17	21:00～4:00 关灯

④在限制饲养时，要严格实施限喂计划，切勿因见鸭子饥饿叫唤就补喂饲料，这样会影响限饲效果。

⑤限制饲养应与光照制度(见表5)相配合，效果更好。

育成后期(150日龄后)，即将开产，饲料的营养水平可略为提高一点，饲喂次数也可逐渐恢复到每日4次，为产蛋打好基础。

另外，在育成期间，应做好种鸭的防疫卫生工作，适时接种疫(菌)苗，其免疫程序为：70～80日龄分别接种禽霍乱、鸭瘟疫苗，140～150日龄接种禽霍乱、禽流感疫苗。种鸭产蛋前最好接种一次鸭病毒性肝炎疫苗。

(2) 种鸭的饲养管理。种鸭质量的好坏，直接关系到合格种蛋的多少，肉用仔鸭的生长速度。因此，养好种鸭是一项关键性的基础工作。

①种母鸭的饲养：母鸭接近性成熟时，要停止限制饲养，按产蛋期的要求，提高日粮中的营养浓度，以充分满足产蛋的营养需要。在配制日粮时，应按较高一级产蛋率的标准配制。提高蛋白质饲料的品质，降低对受精率、孵化率有一定副作用的菜籽粕、棉仁粕原料用量，增加鱼粉、豆粕等优质蛋白质用量。维生素除按正常添加外，应特别增加维生素A、维生素E的添加量，以提高种鸭的产蛋率、受精率。鸭舍内应设置沙砾盘，供鸭自由采食。有条件的，应增加青绿饲料喂量。同时，增加种鸭饲喂次数，由每天3次改为每天4次，其中晚间21:00应加喂1次。

②种公鸭的饲养：公鸭必须强壮，性器官发育健全，性欲旺盛，精子活力好，配种能力强，才能有高的受精率。在育成阶段，公、母鸭最好分群饲养，到配种前20天，再将公鸭放入母鸭群中，要多放水、少关饲，创造条件，促使其性欲旺盛，增加有效的配种次数，提高种蛋的受精率。

③管理工作要点：

a. 饲养密度合适。每平方米饲养2～3只。

b. 公母配比。由于肉种鸭体型大，动作迟笨，配种能力差，公母比例不宜过大，一般为1∶6左右。但如果公鸭是通过生殖器官和精液品质的检查，进行过严格挑选，公母配比可提高至1∶8，受精率可达95%。

c. 增加舍外活动时间。据观察，种公鸭交尾活动以早晚最多，并多在水上进行。因此，尽可能做到早放鸭、迟关鸭，延长下水活动时间。

d. 搞好鸭舍内外卫生,保持环境稳定。舍内要适当通风,保持空气新鲜,垫草要干燥、清洁。大型肉种鸭怕热不怕冷,夏季高温时更应做好鸭舍内外防暑降温工作,保持鸭舍环境的相对稳定。

e. 及时收集种蛋。不要让种蛋受潮、暴晒和被鸭粪沾污。对破蛋、软壳蛋也要及时取走,以防鸭子吃了这些后养成啄食种蛋的恶癖。不同种群、不同日期的种蛋,要分别存放,一般每 5 天入孵一批,不宜久存,以免影响种蛋质量。

④种鸭利用年限:肉用种母鸭以第 1 个年度(相当于 18 月龄)产蛋量最高,蛋壳质量好,受精率和孵化率都高。第 2 个年度产蛋率比第 1 年度下降 30%左右,第 3 年度产蛋率下降更多。也就是说,母鸭越老产蛋量越低。因此,肉用型种鸭以利用一年最经济,即种鸭自出雏养到 17～18 月龄后淘汰最为合算。但如果价格昂贵的品种,种鸭利用的时间可适当延长。

(五)番鸭的饲养管理

番鸭属亚鸭科栖鸭族,与家鸭不同族、不同种。因此,形态与习性上与家鸭都有较大的差异。

番鸭的体型前尖后窄,胸部平坦宽阔,呈长椭圆形,站立时体躯与地面平行。番鸭的繁殖能力低,母鸭一年产蛋分两个周期,年产蛋量 90～120 个。番鸭的孵化期比家鸭多一周,需 35 天左右;其成熟较晚,母鸭开产期为 6～28 周龄,公鸭性成熟期为 30～34 周龄。母鸭大部分有就巢性。番鸭的公母差异明显,母鸭体重仅为公鸭的 60%左右。番鸭性情温顺,步态蹒跚,不善急跑,不喜鸣叫。

根据番鸭特性,在饲养管理、种蛋孵化、营养需要等方面同家鸭有所差异。只有掌握这些差异,才能对番鸭进行有针对性的饲养管理。

1. 仔番鸭的饲养管理

(1) 育雏温度。雏鸭对温度比较敏感,特别是 1～2 日龄时,雏鸭喜温爱睡,保温伞下的温度应达 33℃,3 日龄后,温度可适当降低,具体给

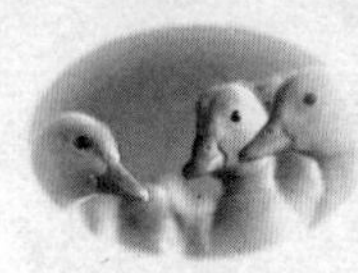

温标准见表 6。温度是否合适,主要根据观察雏鸭的活动情况,一般以鸭群均匀分散不打堆为宜。

表 6 番鸭育雏的适宜温度

周龄	保温伞下温度(℃)	室温(℃)
1	33～32	25～23
2	30～28	20～18
3	27～25	18～16
4	24～20	16～15

(2) 饲养密度。地面平养可参考表 7 的标准掌握。

表 7 雏番鸭不同性别的饲养密度(只/平方米)

周龄 性别	1 周龄	2 周龄	3 周龄	4 周龄	5 周龄	6 周龄	7 周龄	8 周龄
公鸭	26	20	13	11	9	8	7	6
母鸭	26	22	18	14	12	11	10	9

(3) 仔番鸭的饲料与营养。仔番鸭的饲养期较长,比一般肉用仔鸭多养 3 周。但因其具有补偿生长的能力,故其饲养标准也稍低些。一般分为 3 个阶段:0～3 周龄、4～6 周龄和 7 周龄至屠宰。其饲养标准可参考表 8、表 9。

表 8 肉用番鸭的营养标准

周龄	代谢能 (兆焦 / 千克)	粗蛋白质 (%)	蛋氨酸 (%)	蛋 + 胱氨酸 (%)	赖氨酸 (%)
0～3	11.72～12.55	17.7～19.0	0.38～0.41	0.75～0.80	0.90～0.96
4～6	11.72～12.55	14.9～16.0	0.32～0.34	0.63～0.67	0.73～0.78
7～屠宰	11.72～12.55	12.3～13.0	0.22～0.23	0.46～0.50	0.51～0.55

表9　肉用番鸭的无机盐、维生素需要量

成分	0～3 周龄	4～6 周龄	7 周龄至屠宰
钙(%)	0.90	0.80	0.70
可利用磷(%)	0.40	0.38	0.30
钠(%)	0.15	0.15	0.15
氯(%)	0.13	0.13	0.13
锌(毫克 / 千克)	40	20	
铜(毫克 / 千克)	2	2	
铁(毫克 / 千克)	15	15	
锰(毫克 / 千克)	60	60	
碘(毫克 / 千克)	1	1	
钴(毫克 / 千克)	0.2	0.2	
硒(毫克 / 千克)	0.1	0.1	
维生素 A(毫克/千克)	8000	8000	4000
维生素 D_3(毫克/千克)	1000	1000	500
维生素 E(毫克/千克)	20	15	
维生素 K_3(毫克/千克)	4	4	
硫胺素(毫克/千克)	1		
核黄素(毫克/千克)	4	4	2

第 1 阶段(0～3 周龄)和第 3 阶段(7 周龄至屠宰)差异较大,蛋白质的需求量分别为 18%和 12%, 所以 4～6 周龄是一个过渡性的阶段。番鸭对代谢能的需求有一个固定的数量,日粮中代谢能的高低对体重影响不大,它可以通过自己调节采食量来满足能量需求;但当日粮中蛋白质含量降低时,番鸭的采食量并不增加,它可将从饲料中获得的蛋白质用于生长需要量的最低水平,而不会影响饲料报酬和屠体品质。所以减少第三阶段的蛋白质含量,可节约成本。

(4) 喂水喂料。雏鸭出壳16～18小时即可开水。前3天饮水中加入电解多维、氟哌酸、5%葡萄糖，有利于增强雏鸭体质，预防肠道疾病发生。开水后2小时即可开食。开食后1～5天采用颗粒破碎料饲喂，1周以后饲喂各阶段颗粒料。应采用营养全面的全价料开食，有利于雏鸭生长发育。有的地方习惯用米饭开食，但最迟应在5日龄后改喂全价料，否则易造成营养缺乏而影响番鸭生长。开食后，应特别注意供水，千万不能断水，尤其是夏季高温季节，更要当心。

(5) 适当运动。适当运动有利增强番鸭体质，促进羽毛生长。肉用番鸭一般采用旱养，很少设水池，但最好设陆上运动场。4周龄后，每天应定时赶鸭到运动场作适当运动。如有水池，每天2次赶鸭到水中洗浴。

(6) 控制饲养。优良的番鸭品种，8周龄时公鸭本重可达3千克，母鸭2千克，料重比在2.4∶1左右，但此时屠宰率低，屠体品质不佳。胸肌的增长，主要在8～12周龄。目前认为，较适宜的屠宰日龄是：母鸭70日龄，公鸭75～80日龄。此时公、母鸭的主翼羽都已长成。如延长饲养2～3周，由于增重缓慢，耗料量增加，饲料报酬降低，从而影响经济效益。

由于番鸭具有特殊的补偿生长的能力，国外有采取控制饲养(或称节制给食)的方法，公鸭从7周龄或8周龄开始，母鸭从6周龄或7周龄开始，一种是按自由采食量的95%喂给，即减少5%的饲料，不影响生长，料重比可提高5%～10%，这种叫轻度控制方法；另一种是按自由采食量的80%喂给，生长速度有所减慢，料重比不增加，胸腿肉无明显改变，但屠体脂肪明显减少。故目前认为，在仔番鸭的生长后期，降低光照强度，按自由采食量的90%～95%喂料，即采取轻度控制饲养的方法，可改善屠体品质，提高饲料报酬。

(7) 管理要点。

①公、母鸭分群饲养：番鸭异性间体重差别较大，3周龄后，公、母间的体重距离拉大(达60%左右)，公鸭性情粗暴，抢食强横，如公、母混群饲养，若按公鸭的要求，则造成浪费；若按母鸭的要求，则影响公鸭的生长或使母鸭生长受到影响。因此，应实行公、母分群饲养。

②防止打堆：雏番鸭对温度敏感，吃食后喜堆在一起睡眠，挤在中间的雏鸭易被压坏，有的形成“湿毛”，后期很难养好。因此，在管理中要

特别注意分堆，尤其是3日龄内雏鸭，昼夜都要注意。同时，要保持舍温的稳定，以免忽冷忽热招致疾病，影响育雏率。

③加强通风换气：保持舍内干燥，只要能保持温度，鸭舍内应尽量加大通风换气量，保证舍内空气新鲜，降低鸭舍湿度。勤换垫草，保持鸭舍内清洁干燥。

④断趾断喙：番鸭的爪子很锋利，断趾是为防止鸭子之间相互打斗或交配时互相抓伤。番鸭的断趾一般在2周龄进行。断喙是为防止啄羽恶癖，避免鸭群的骚乱不宁。断喙一般在3周龄内进行，也可将断趾、断喙同时进行。目前，肉用仔番鸭一般不进行断趾、断喙处理，而是在管理中通过控制饲养密度、限制光照强度、饲料中增加含硫氨基酸供给量等措施对鸭群加以控制。

2. 种番鸭的饲养管理

(1) 番鸭产蛋规律。番鸭性成熟比较晚，开产日龄为28周龄左右，番鸭每个产蛋年一般分2个产蛋周期：第一个产蛋周期，约经历20～22周，产蛋量在110个左右，平均产蛋率65%；接着母鸭换羽休产10～13周。第二个产蛋期开始于60～63周龄，产蛋19～21周，至80～84周龄结束，可产蛋90个左右，产蛋率60%。番鸭在我国的产蛋率一般仅能达46%～54%，年产蛋量在120～140个，母鸭利用85～86周龄后即淘汰。

(2) 制订产蛋阶段日粮喂量。饲料从25周龄开始将育成料转换成产蛋料，且从产第一个蛋开始逐渐增加喂料量，直到产蛋高峰期的自由采食。整个产蛋期喂料量见表10、表11。

表10　第一产蛋周期的日粮定量

周龄	每只种鸭每天喂料量(克)	
	公	母
24	200	110
25	210	115
26	225	125
27	225	130

续表

周龄	每只种鸭每天喂料量(克)	
	公	母
28	209	131
29	203	138
30	198	145
31	193	152
32	187	159
33	182	166
34	177	173
35	171	180
35 周以后	自由采食	自由采食

表 11 第二产蛋周期的日粮定量

产蛋周数	每只母鸭日喂量(克)	产蛋周数	每只母鸭日喂量(克)
第 1 周	200	第 6 周	225
第 2 周	205	第 7 周	230
第 3 周	210	第 8 周	235
第 4 周	215	第 9 周	240
第 5 周	220	第 9 周以后	自由采食

（3）制订合理的光照程序。产蛋期间光照原则是只增不减，保持稳定，番鸭产蛋期的光照时间一般控制在 17～18 小时，番鸭饲养阶段的光照程序见表 12。

表 12　种用番鸭光照程序

育雏期和育成期		产蛋期	
周龄	光照时数(小时)	周龄	光照时数(小时)
1	24～18	24～25	10.5
2	16	26	11.5
3	14	27	12
4～5	13.5	28	12.5
6～7	13	29	13.5
8～9	12.5	30	14
10～11	12	31	15
12～13	11.5	32	16
14～15	11	33	16.25
16～17	10.5	34	16.5
18～19	10	35～36	16.75
20～21	9.5	37	17
22	9	38～39	17.25
23	10	40～41	17.5
24	10.5	42～43	17.5
		44～50	18

(4) 合理的公母配比。自然交配按公、母 1∶7 的比例放入公鸭，但须检查公鸭的生殖器，阴茎白色，螺纹细密的公鸭，配种能力较强。如进行人工授精，按公、母 1∶10 的比例留足公鸭。公鸭的年龄应比母鸭大 1 个月。

公番鸭的睾丸无论是绝对重或是占体重的比例，都比普通家鸭小 50%以上，睾丸功能低下。据实际观察，公鸭每日平均交配 5～8 次，比普通家鸭少一半，交配时间大都集中在下午 3～5 时，故每日下午定期放水，可提高受精率。

公、母鸭前期分群饲养，至 24 周龄时将公鸭放入母鸭群中，互相适应熟悉后，有助于提高受精率。

(5) 种鸭舍的要求。种鸭舍要求保温性能好，地面保持干燥，舍内设置产蛋箱，运动场上应设有配种池。

番鸭耐热性能强于耐寒性能，所以夏季对产蛋率基本没有影响，而低温对产蛋影响较大，室温低于15℃时，受精率就要降低。因此，建造种鸭舍时，要重视保温性能。

产蛋箱设在鸭舍靠墙一面，高和宽各0.28米，长0.35米，每6只母鸭准备1个产蛋箱，箱底铺软干草。

(6) 种鸭的营养要求。种鸭的饲料分产蛋期和休产期两种，产蛋期的饲料水平高一些，每千克含代谢能为11.28～11.32兆焦，粗蛋白质为16%～17%(见表13)；休产期饲料能量水平不变，粗蛋白质降为14%。在种鸭产蛋期，舍内另置砂砾和牡蛎壳，任其自由采食。

表13　番鸭各阶段的饲养标准

项　目	雏期 (0～3周龄)	发育期 (4～10周龄)	生长期 (10～25周龄)	产蛋期 (26周龄后)
代谢能 (兆焦/千克)	12.00	11.83	11.0	11.3
粗蛋白(%)	20.00	18.6	15.6	16.8
粗脂肪(%)	3.40	3.6	3.1	3.1
粗纤维(%)	3.30	3.0	5.4	3.4
蛋氨酸(%)	0.52	0.45	0.33	0.42
蛋+胱氨酸(%)	0.86	0.80	0.61	0.71
赖氨酸(%)	1.15	0.90	0.70	0.78
钙(%)	1.00	1.20	1.40	3.01
总磷(%)	0.75	0.70	0.70	0.72
有效磷(%)	0.48	0.50	0.44	0.48

续表

项　目	雏期(0～3 周龄)	发育期(4～10 周龄)	生长期(10～25 周龄)	产蛋期(26 周龄后)
维生素 A(毫克 / 千克)	15000	15000	15000	18000
维生素 D(毫克 / 千克)	3000	3000	3000	5000
维生素 E(毫克 / 千克)	20	20	20	23

(7) 管理重点。

①保持一定舍温。据观察，番鸭在我国长江以南各省饲养，冬季产蛋较少，而夏季对产蛋影响不大。因此，保持鸭舍内的温度，尽可能不低于 15℃，是提高种鸭产蛋率的关键。冬季要关闭门窗，适当增加单位面积的饲养量，提高饲养密度以提高舍温，饮水尽量用温水，加厚舍内垫草。

②产蛋箱的位置要固定。番鸭有定位产蛋的习惯，产蛋箱设置后，在产蛋期内不要随意移动，否则会将蛋产在地面上，影响种蛋性能。

③勤加垫草，保持鸭舍清洁干燥。番鸭怕脏怕冷，舍内要勤加勤换垫草，保持清洁干燥，冬季尤应注意。

④保持安静、稳定的环境。母鸭性情温驯，但在产蛋和孵化伏巢期间，警惕性很高，陌生人不能接近，以免引起应激；公鸭的性情较暴烈，陌生人干扰时，会与人对抗。因此，必须保持饲养环境安静，闲人免进，特别是产蛋期间更应注意。

⑤解除母番鸭的抱窝行为。抱窝是母番鸭的一种生理特性，其表现为停止产蛋，生殖系统萎缩，在产蛋箱内滞留时间延长，占窝，采食减少，羽毛变样。

a. 鉴别抱窝的标准：在产蛋箱滞留时间长，在产蛋箱中出现争斗现象。确定番鸭抱窝的最佳时机应在下午 15:00～16:00。

b. 形成母番鸭抱窝的条件：饲养密度过大，产蛋箱太少，光照分布不均匀或较弱，温度不适，采食不足，捡蛋不及时。

c. 开始出现抱窝的时间：第一产蛋期，产蛋 3～9 周；第二产蛋期，产蛋 4～5 周。出现首批抱窝鸭 1 周后（抱窝率 2%～10%），抱窝母鸭会成倍增加，同时采食量减少。

d. 解除番鸭抱窝的方法：目前最有效的方法是定期转换鸭舍，第一次换舍是在首批抱窝鸭出现的那 1 周（或之后）。夏季换舍的时间间隔平均为 10～12 天，冬、春季则为 16～18 天。换舍必须在傍晚进行，把产蛋箱打扫干净，重新垫料，扫除料盘内的饲料。此外，加强饲养管理，尽量消除引起抱窝的不利条件。

3. 骡鸭（半番鸭）的生产

番鸭与家鸭杂交生产的半番鸭，具有皮下脂肪薄，腹脂少，瘦肉率高，胸腿肌比率高，生长迅速，体重大小均匀，抗逆性强，易饲养，肥肝性能优良等优点，是从事优质肉鸭生产的优选品种。近几年来，在我国发展迅速。

（1）骡鸭的制种。番鸭与家鸭杂交，是不同属、种之间的远缘杂交，所得的下一代有较强的杂种优势，但一般没有繁殖能力，故称为骡鸭。

①杂交方式：杂交组合分正交（公番鸭×母家鸭）和反交（公家鸭×母番鸭）两种，以正交效果好。因为家鸭作为母本产蛋多，雏鸭成本低，杂交鸭公、母生长速度差异不大，12 周龄平均体重可达 3.5～4 千克；如以番鸭作母本，产蛋少，雏鸭成本高，杂交鸭公、母体重差异很大，12 周龄时，杂交公鸭可达 3.5～4 千克，母鸭只有 2 千克，故反交方式不宜采用。

目前，按骡鸭生长速度，有大、中、小三种杂交组合形式，各地可根据当地市场需求进行选择。

a. 小型骡鸭：以大型番鸭公鸭×小型蛋用麻鸭。优点是雏鸭成本低。骡鸭 10 周龄体重 2.0～2.2 千克。

b. 中型骡鸭：先用大型公肉鸭×蛋用麻鸭，留下母鸭再配番鸭公鸭，骡鸭 10 周龄体重 3.0 千克左右。

c. 大型骡鸭：大型番鸭公鸭×大型肉种鸭母鸭，骡鸭 10 周龄体重

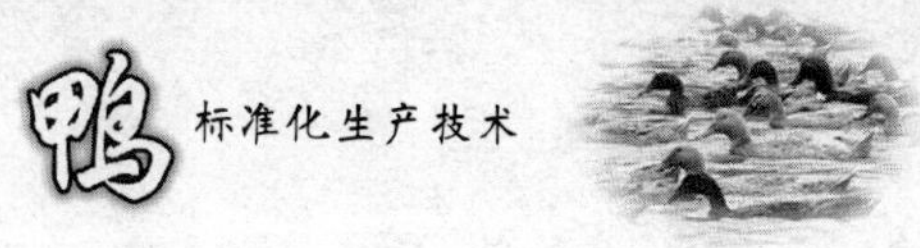

4.0～4.5 千克。

制种如图 4 所示。

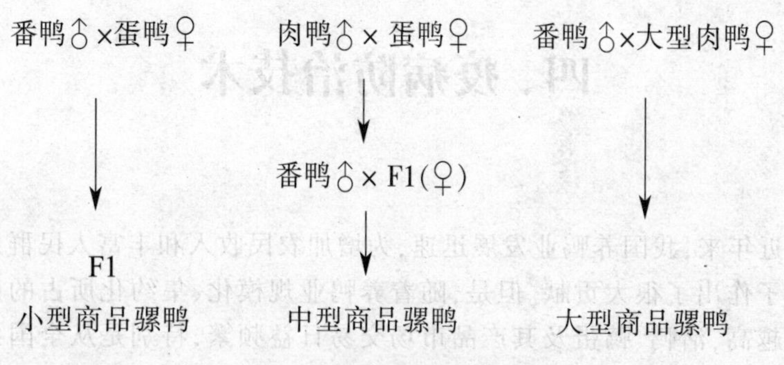

图 4　骡鸭的制种方式

②配种形式：目前有自然交配和人工授精两种。

自然交配：公母配比 1∶4 左右。公番鸭应在育成期(20 周龄)放入母鸭群中，提前互相熟悉，适应一个阶段，性成熟后才能互相交配。采用自然交配，种蛋受精率往往较低，其原因主要是番鸭与家鸭间属、种不同，体型差距悬殊(与蛋用型麻鸭)，再加上番鸭配种能力弱，交配次数少。因此，目前在骡鸭生产中一般都采用人工授精。

人工授精：是目前骡鸭生产中普遍采用的技术，技术熟练后，受精率可达 85%以上。采精用公番鸭应笼养，一笼一只，这样便于采精，管理方便。母鸭饲养群体不宜过大，每群 200～300 只。每 3 天输精 1 次。

(2) 骡鸭的饲养。骡鸭耐粗饲、易饲养，饲养方法与一般肉鸭相似，这里不作介绍。

四、疫病防治技术

近年来，我国养鸭业发展迅速，为增加农民收入和丰富人民群众的菜篮子作出了很大贡献。但是，随着养鸭业规模化、集约化所占的比重越来越高，活鸭、鸭蛋及其产品市场交易日益频繁，特别是从全国各地大量引种，鸭子原有的疫病如鸭瘟等不仅没有得到有效控制，时有发生，而且高致病性禽流感、雏番鸭小鹅瘟等新的鸭病不断出现，多种疫病混合感染、继发感染明显增多，已给养鸭业造成了很大的经济损失，严重影响着养鸭业的持续健康发展。与此同时，鸭高致病性禽流感、鸭衣原体病、鸭结核病等人畜共患病对人的危害也在逐步加大，对广大饲养者、消费者的身体健康和生命安全构成了严重威胁。因此，加强鸭子疫病的防治工作，有效控制鸭子疫病的发生和蔓延，是实现肉鸭、蛋鸭无公害生产的主要环节，是实现标准化生产的重要前提，是养鸭场提高经济效益的关键所在，也是维护公共卫生安全的需要。

实践证明，只要我们准确地认识鸭病发生和流行的主要因素，掌握疫病防控的关键技术，坚持“预防为主”的方针，严格和认真地做好平时的各项工作，落实“免疫、消毒、隔离、监测、检疫”相结合的综合防治措施，许多鸭病就不至于发生，一旦发生，也能及时得到有效控制。

（一）引起鸭子疫病发生和流行的主要因素

1. 鸭子发病的原因

鸭病就是鸭子疾病，是指在一定因素（称致病因素，不论何种因素）的作用下，鸭子机体的正常生理代谢过程发生改变，生命功能发生障碍，机体组织受到破坏的过程；同时，也是鸭子机体固有的抗病能力与致病因素进行斗争的一种表现。鸭病种类很多，有传染病、寄生虫病、营养性疾病及中毒病等，其中传染病的危害最严重，其次是寄生虫病和营养性疾病。

引起鸭病发生的原因很多，归纳起来可分为两大类，一类是由非生物性因素引起的，无传染性；另一类是由生物性因素引起的，具有传染性。非生物性因素包括饲养管理不当，饲养密度过大，温、湿度不当，垫料不卫生，饲料配比不合理，饲料保存不当发霉变质，药物使用不当等，都会使鸭群出现蛋白质、维生素、微量元素等营养物质缺乏症、中毒病，外科病以及其他与管理因素有关的疾病，引起鸭群的死亡。这类疾病大多数是暂时的，认真搞好饲养管理，合理调整饲料成分，去除有毒物质，鸭群即可恢复健康。生物性因素主要是细菌、病毒、真菌、放线菌、螺旋体、支原体、衣原体、立克次体、寄生虫等，可引起鸭群传染病和寄生虫病。这些疫病危害较大，往往造成鸭群大批发病和死亡，有时可使鸭全群覆灭，造成巨大的经济损失。

2. 鸭子疫病发生和流行的主要因素

鸭子疫病是指由生物性病原引起的鸭群发性疾病，包括传染病、寄生虫病。鸭子疫病的发生首先是鸭体出现感染状态，即生物性病原侵入鸭体内，在一定部位定居，生长繁殖，从而引起机体一系列病理性反应的过程。此时，鸭子可以出现显性感染、隐性感染、持续性感染、慢性感染或潜伏感染。显性感染是指鸭体被某种病原体感染并表现出相应的特有症状。这是由于病原体具有相当的毒力和数量，而机体的抵抗力相对较弱，病原体侵入机体后不断生长繁殖并引起一系列病理变化，使机体出现临床症状。隐性感染亦称亚临床感染，鸭子感染病原体后不呈现明显临床症状，表明机体的抵抗力强而病原体的毒力弱、数量少。持续性感染指病原体长期存留在鸭体内的一种感染，而潜伏感染是持续性感染的一种形式，鸭子一般无明显症状，甚至有时检测不到病原体，但在某种条件下可被激活发病而表现症状。慢性感染是指鸭子病程缓慢的一种感染。

鸭子疫病的发生需要一定的过程,可分为潜伏期、前驱期、症状明显期和转归期。潜伏期是指从病原体侵入机体开始至最早症状出现为止的期间,不同的疫病其潜伏期长短不同,潜伏期的长短决定着发生疫病后隔离封锁的期限。前驱期是疫病的征兆阶段,出现体温升高、食欲下降等一般性症状,该病的特征性症状仍不明显。症状明显期是疫病发展的高峰阶段,该病的特征性症状逐步明显地表现出来。转归期是疫病进一步发展的结果,如果机体的抵抗力减退,病原体的致病性增强,则以死亡为转归;如果机体的抵抗力得到改进和增强,则机体逐步恢复健康。

鸭子疫病的流行是指鸭子由个体感染发病到群体感染发病的过程,也就是疫病在鸭群中传播和蔓延的过程。这个过程的形成,必须具备三个相互依赖的条件,即传染源、传播途径和易感鸭群。这三个条件构成疫病流行过程的三个基本环节, 当这三个环节同时存在并互相连接时,就会造成疫病的流行。当这三个环节中的任何一个被打破,流行过程就会被终止。因此, 引起鸭子疫病发生和流行的主要因素是传染源、传播途径和易感鸭群,具体阐述如下:

(1) 传染源的存在。传染源指鸭子体内有病原体寄存、生长、繁殖,并能将其排出体外的鸭子, 以及一切可能被病原体污染使之传播的物体。病鸭是重要的传染源,它们向体外排出的病原体最多。但它们具有典型症状,易引起人们的重视。带菌(毒)鸭是指外表无症状但携带并排出病原体的鸭,因为它们没有明显症状,易被忽视,因而传染疫病的危害性往往比病鸭更大。传染源可通过眼泪、鼻液、粪便、血液或皮屑等途径将病原体排到外界,污染周围环境中的各种物体,如饲料、饮水、空气、垫料、种蛋、土壤、水源、饲养用具、运输车辆以及各种鸟、鼠、昆虫和饲养员,使它们成为传播疫病的媒介,易感鸭接触了上述传播媒介,病原体就会通过一定的传播途径侵入鸭体,使鸭感染。

(2) 传播途径的存在。传播途径是指病原体传播的路途,从方式上可分为直接接触传播和间接接触传播两种。鸭病主要通过传播媒介间接传播,可经消化道、呼吸道、皮肤损伤等途径进行同代之间的水平传播,或经卵巢、输卵管造成种蛋污染,进而通过种蛋进行垂直传播。

(3) 易感鸭群的存在。易感鸭群是指对某种病原体或致病因子缺乏足够的抵抗力而易受其感染的鸭群。如果鸭群中有一定数量的易感鸭，在引入传染源或传播媒介时，就会引起疫病的流行，鸭群中易感鸭的数量越多，造成流行的规模就越大。相反，若鸭群中的易感鸭较少，则发生疫病流行的规模就越小，或不形成流行。良好的饲养管理，及时进行免疫接种，可降低鸭群对疫病的易感性，减少易感鸭的数量，以达到预防疫病流行的目的。

（二）防治鸭子疫病的关键技术

随着规模化养鸭业的发展，鸭子疫病的危害也越来越严重。为了减少鸭子疫病对养鸭业造成的损失，国家对鸭疫病实施“预防为主”的防治方针。也就是说，只有抓好各项预防性措施，才能使许多鸭病不致发生，一旦发生也能及时控制。鸭子饲养人员一定要树立防疫意识，应加强工作责任心，严格遵守各项动物防疫法律法规和规章制度，及早发现问题、解决问题。

1. 引种检疫和隔离观察

检疫是指动物卫生监督机构的官方兽医按照国家标准、农业部行业标准和有关规定对鸭子及其产品是否感染特定疫病或是否有传播这些疫病危险的检查以及检查定性后的处理。从外地引进雏鸭或种蛋，必须了解供种地区的疫情和饲养管理状况，不要从有鸭瘟、番鸭小鹅瘟、垂直传播病史等疫病的种鸭场引进雏鸭或种蛋。引进的雏鸭或种蛋必须经当地动物卫生监督机构检疫合格，并经隔离场饲养观察 15～30 天，方可混群饲养。

2. 卫生消毒

鸭舍及其环境的卫生消毒是防止疫病传播的重要措施。平时鸭舍进入口应设消毒池，用百毒杀或过氧乙酸进行带鸭消毒，一般情况下每周一次，发病情况下坚持每天消毒。当鸭群全部转出鸭舍后要进行全面的消毒，消毒前先彻底清扫鸭舍，洗刷消毒笼架、饲槽、水槽以及鸭舍内的一切辅助设备，将垫草、垃圾、剩料和粪便清理出去。地面干燥后，可用 2%烧碱洒湿消毒，2 小时后用清水冲去；也可用石灰消毒。饲槽、水槽以及辅助设备等可用有机氯、有机碘喷洒消毒。

鸭舍垫料要保持干燥，禁止使用过湿或发霉的垫料，以免引起鸭的霉菌病和球虫病。鸭舍外的运动场要定期铲除表土，换垫新土，其周围的垃圾和乱草要定期清除，以减少病原体传染的机会。运动场表面土壤可用含 2.5%有效氯的漂白粉溶液、4%甲醛或 10%氢氧化钠溶液喷洒消毒。鸭舍及鸭场内的饲养用具、蛋盘、蛋箱、车辆也应定期消毒，且最好能限制流动范围。

3. 免疫接种

目前，免疫接种是预防鸭子疫病的最有效手段之一，应制订一个合理的免疫程序（指鸭子一生中各种疫苗接种的次数、次序和日程），以提高易感鸭群对某种疫病的抵抗力。鸭子接种疫苗时的日龄不同、疫苗接种次数不同、前后接种疫苗的间隔时间不同，免疫效果都会不一样。但免疫程序不是固定不变的，也没有一个统一的科学免疫程序，应根据养鸭场（户）本地的饲养实际，结合鸭子疫病流行情况来确定。下面介绍一种肉鸭、蛋鸭的免疫程序（具体见表 14、表 15），仅供参考，选用的疫苗

表 14　肉鸭参考免疫程序

序号	免疫日龄	疫苗名称	用法
1	1	鸭病毒性肝炎	肌注
2	2～3	番鸭细小病毒病	肌注 *
		番鸭小鹅瘟	肌注 *
3	6～10	鸭疫里氏杆菌灭活疫苗	肌注
		鸭大肠杆菌灭活疫苗	肌注
4	10～14	高致病性禽流感灭活疫苗	肌注
		鸭瘟疫苗	肌注

注：有“*”者表示仅用于肉用番鸭的免疫。

表15　蛋鸭参考免疫程序

序号	免疫日龄	疫苗名称	用法
1	1	鸭病毒性肝炎	肌注
2	2～3	番鸭细小病毒病	肌注 *
		番鸭小鹅瘟	肌注 *
3	6～10	鸭疫里氏杆菌灭活疫苗	肌注
		鸭大肠杆菌灭活疫苗	肌注
4	12～15	高致病性禽流感灭活疫苗	肌注
5	20～25	禽多杀性巴氏杆菌病活疫苗	肌注
		鸭瘟疫苗	肌注
6	45～50	高致病性禽流感灭活疫苗	肌注
7	开产前	禽多杀性巴氏杆菌病活疫苗	肌注
	15～20天	鸭瘟疫苗	肌注
		高致病性禽流感灭活疫苗	肌注

注：有“*”者表示仅用于种用番鸭的免疫。

应符合《中华人民共和国兽用生物制品质量标准》的要求。

鸭子接种疫苗后，能否产生有效的免疫效果，取决于很多因素。除了选择优质疫苗、严格按照科学的免疫程序等外，还必须注意以下五方面的事项：一是疫苗使用前应检查疫苗的名称、批准文号、厂家、批号是否合法，产品的有效期、物理性状、贮存条件等是否与说明书相符。仔细查阅使用说明书与瓶签标示的内容是否相符。要明确装量、每只剂量、使用方法及有关注意事项，并严格遵守。禁止使用过期、无批准文号、无批号、油乳剂破乳、失真空及颜色异常或不明来源的疫苗。二是为了便于免疫接种，疫苗在使用前应从冰箱中取出，置于室温(22℃左右)2小时左右。疫苗使用前充分摇匀。疫苗注射期间，经常摇动，混匀疫苗。疫

苗启封后,限24小时内用完。三是接种前要检查鸭子是否健康,禁止给不健康的鸭子接种疫苗。因为不健康的鸭子接种疫苗后免疫效果差或无效,甚至加重病情。发现鸭群中有可疑传染病时,立即停止疫苗接种。此外,为了避免鸭发生反胃现象,疫苗注射的当天早晨要禁饲。四是注射器等接种用具须进行消毒处理。免疫接种完毕,将用过的疫苗瓶、皿、注射器及剩余的疫苗液等进行无害化处理。五是为防止接种疫苗时传播疫病,注射接种过程中应严格消毒、细致操作。使用12号针头,注射器、针头应洗净煮沸10～15分钟备用,注射疫苗的针头最好每羽换一个,无条件时必须一栏鸭子换一个。给鸭子注射过疫苗的针头,不得再插入疫苗瓶内抽吸疫苗,可用一个灭菌针头,插入瓶塞后固定在疫苗瓶上专供吸疫苗用,每次吸疫苗后针孔用挤干的酒精棉花包裹。吸出的药液不得再回注到瓶内。接种部位用3%碘酊消毒为宜,以免影响疫苗活性。注射器刻度要清晰,不滑杆、不漏液。注射的剂量要准确,不漏注、不白注。进针要稳,拔针不宜太快,不得打"飞针",保证足量的疫苗真正注射到鸭子体内。注射部位要准确,可采用肌注或颈部皮下注射,皮下注射部位为鸭子颈背部下1/3处,针头向下与皮肤呈45度。

另外,给鸭子接种疫苗后,为及时掌握区域内每只鸭子已接种疫苗的种类和接种疫苗的次数,以及执行免疫程序的情况,追溯疫苗的免疫质量,动物防疫员和规模养鸭场(户)兽医人员要及时做好免疫记录。免疫记录是一项科学性很强的工作,不能随意地记录,要做到科学地记录,记录内容应包括家禽的品种、年龄,疫苗的来源、批次、接种时间等。

4. 疫病和免疫效果监测

疫病监测是指对某种疫病的发生、流行、分布及相关因素进行系统的长时间的观察与检测,以把握该疫病的发生发展趋势。养鸭场(户)应当依照《中华人民共和国动物防疫法》及其配套法规的要求,结合当地实际情况,制定疫病监测方案并组织实施,常规监测的疫病至少包括高致病性禽流感、鸭瘟、鸭病毒性肝炎、鸭衣原体病、鸭结核病,监测结果应及时报告当地畜牧兽医行政管理部门,同时应配合当地动物疫病预防控制机构进行定期或不定期的疫病监督抽查。

鸭子疫病的监测方法较多,目前主要采取以下五种方法:

(1) 实验室检验。对被监测范围内鸭群,按照一定比例采集样品送实验室进行检测。

(2) 临床观察。对被监测的鸭群的健康状态进行临床观察,必要时进行个体抽检。

(3) 历史资料的调查。主要包括历史上疫情记录、门诊记录、养鸭场户的生产数据(包括淘汰和发病情况)、交易市场的检疫检验数据等的收集。

(4) 被检测范围内引发鸭子疫病的相关因素调查。

(5) 对获得的数据进行整理分析和总结。

通过上述手段开展动物疫病的监测工作, 可以掌握本地区本鸭场鸭子疫病流行情况、规律、发展趋势,发现防疫工作中存在的问题,及时采取必要措施,防患于未然。

免疫效果监测是指免疫效果可以通过免疫监测的结果来评价。免疫监测一般采用血清学方法, 必要时也可在实验室内采用强毒攻击已免疫鸭子的方法。常用的血清学方法有红细胞凝集抑制试验、琼脂扩散试验、酶联免疫吸附试验(ELISA)等。抽检的鸭子一般以一群总数的2%计,但最少不得少于 30 份。监测时间和次数可根据实际情况而定,一般首次检测在疫苗接种后 14～21 天,以后每隔 1～3 个月检测一次。对于免疫后鸭子抗体滴度的要求,目前尚未有一个统一公认的标准,养鸭场可根据资料及本场情况,确定几种主要疫病的最低抗体滴度要求。对被检样品的抗体滴度,既要看几何平均值,又要看低于最低保护滴度以下的数量,即使平均滴度比较高,但仍有一定比例的被检血清滴度低于临界保护滴度时,则必须进行加强免疫接种。

5. 疫病控制和扑灭

控制是指采取措施使疫病不再继续蔓延和发展。扑灭是指在一定区域内,采取紧急措施以迅速消灭某一疫病。任何单位或个人发现患有疫病或者类似疫病的鸭, 都应当及时向当地动物疫病预防控制机构报告,动物疫病预防控制机构应尽快确诊并迅速采取措施,并按国家有关

规定上报疫情。当鸭发生高致病性禽流感时，或当鸭瘟、鸭病毒性肝炎、雏番鸭小鹅瘟、鸭霍乱、鸭结核病呈暴发性流行时，一经确诊，即由当地县级以上畜牧兽医行政管理部门划定疫点、疫区、受威胁区，报请同级地方人民政府决定对疫区实行封锁，并由人民政府发布封锁令。

在封锁令实施过程中，采取以下措施：

(1) 疫点。对疫点内所有的鸭及其产品均采取扑杀并无害化处理，严禁鸭及其产品、交通工具以及可能受污染的物品运出疫点，因特殊需要进出的，须经当地动物卫生监督机构批准并严格消毒。疫点出入口应有消毒设施，疫点鸭舍、场地、用具等均应严格消毒，粪便、垫料、饲料等必须无害化处理。如果发生高致病性禽流感，必须对所有禽类实施扑杀并无害化处理，严禁禽类及其产品、交通工具以及可能受污染的物品运出疫点。

(2) 疫区。关闭鸭子及其产品交易市场，禁止易感鸭子及其产品进出，鸭子必须圈养或指定地点放养，对易感鸭进行监测和紧急免疫接种。如果发生高致病性禽流感，扑杀疫区内所有禽类，并禁止禽类及其产品进出。

(3) 受威胁区。对所有易感鸭进行紧急免疫接种和疫情监测，了解疫情动态。

在疫点内所有鸭及其产品按规定进行无害化处理，经过一个潜伏期以上的监测，未出现新的传染源，并在当地动物卫生监督机构监督下进行彻底消毒并认可后，由当地畜牧兽医行政管理部门向原发布封锁令的政府申请解除封锁令。

另外，发生鸭瘟、鸭病毒性肝炎、鸭衣原体病、鸭结核病等疫病时，应对鸭群实施净化措施。

(三) 常见疫病的防治技术

1. 高致病性禽流感

鸭高致病性禽流感是由 A 型流感病毒（A 型病毒有多种血清型，

常见的有 H5、H7 和 H9 亚型等)引起的可侵害不同品种、不同日龄鸭的一种高度致死性传染病,是当今危害养鸭业最为严重的疫病。在肉鸭可引起死亡或亚临床感染,在种鸭、蛋用鸭除出现死亡外,还表现出产蛋量下降、产异常蛋、无产蛋高峰、持续低产蛋等产蛋异常情况。

(1) 流行特点。很多家禽和野禽、鸟类都可感染禽流感病毒,家禽中火鸡、鸡、鸭是最容易受感染的禽种。自 20 世纪 90 年代中期以来,各种日龄、品种的鸭群不仅可以感染禽流感病毒发病,还可以横向传染鸡而成为鸡发生高致病性禽流感的传染源。经调查,临床上以番鸭发病为甚,20 日龄以上的鸭群发病多见。

禽流感的患病禽、病死禽、貌似健康的带毒禽等均可为鸭高致病性禽流感的传染源。本病可经蛋垂直传播,也可经污染的水源、空气、候鸟等水平传播。患病鸭群的发病率、病死率与鸭的品种、日龄和病毒的亚型及有无并发或继发有关。雏鸭发病率高达 100%, 病死率为 30%~95%。种鸭、蛋用鸭发病率相对较低,主要表现为产蛋异常。凡有并发或继发鸭传染性浆膜炎、鸭大肠杆菌病、鸭霍乱、鸭球虫病等其他疫病的鸭群,其病死率明显提高。

禽流感一年四季均有发生,但以每年的 11 月至次年的 4 月或 5 月发病较多。鸭在禽流感病毒的贮存及传播等方面具有十分重要的流行病学意义,因此定期监测鸭体内及其周围环境(水)中禽流感病毒的分布情况,对预防和控制禽流感的发生及流行具有十分重要的意义。

(2) 临床症状及病理剖检。鸭高致病性禽流感的潜伏期长短不一,从数小时至 2~3 天,由于鸭的种类、年龄、性别、有无并发症、病毒株和外界环境条件的不同,表现的症状也有很大的差异。

临床症状:患病肉鸭表现为严重的精神萎靡,食欲减退或废绝,仅饮水,拉白色或青绿色稀粪。肿头,流泪,呈湿眼圈、红眼,部分鸭张口呼吸或喘气, 部分鸭可见上喙和足蹼发绀或出血。后期可见头颈扭曲呈“S”状、头顶触地、仰翻、侧卧、横冲直撞、共济失调等神经症状。中等毒力流感病毒感染的病鸭或部分免疫鸭出现体况消瘦、生长发育迟缓等现象。

蛋鸭、种鸭染病,15%~90%蛋用鸭或开产种鸭不产蛋,数天内,产蛋率急剧下降,有的鸭群产蛋率可从95%降至10%左右或停产,产软壳蛋、粗壳蛋、薄壳蛋、无壳蛋、畸形蛋等异常蛋,无产蛋高峰或持续低产蛋率。

病理剖检:患病肉鸭,剖检可见呼吸道(气管、支气管)有大量干酪样物或出血,肺出血或淤血;胰腺出血,表面有大量针尖大的白色坏死点(或坏死斑),或者有透明样(或液化样)坏死点、坏死灶;心冠脂肪、心肌出血,心肌有白色条纹样坏死,心包炎、心包积液;腺胃黏膜局灶性溃疡,肠道(十二指肠、空肠、直肠等)黏膜可见出血或出血环,肠道外壁脂肪出血;此外,还可见脑膜出血,肝脏、脾脏、肾脏肿大出血或淤血等病变。中等毒力流感病毒感染的病鸭或部分免疫鸭,胸肌、腿肌明显发育不良,胸骨变软。

蛋用鸭或开产种鸭主要病变在卵巢,有比较大的卵泡,卵泡膜严重充血、出血,有的卵泡萎缩,输卵管黏膜出血、水肿并附有豆腐渣样凝块,甚至有个别病例的卵泡破裂于腹腔中。

(3)防治措施。鸭高致病性禽流感流行迅速,且病毒型号比较多,防治本病要坚持"预防为主"的方针,采取综合性防治措施的原则。

①加强饲养管理,落实生物安全措施。饲养场所要符合动物防疫条件。饲养场实行全进全出饲养方式,控制人员出入,严格执行清洁和消毒程序。

②进行禽流感强制免疫,提高鸭子机体抵抗力。规模养鸭场(户)要按照禽流感免疫程序适时免疫,农村散养鸭要在春季、秋季各集中免疫一次,确保禽流感免疫密度达到100%。同时,还要开展免疫抗体监测,掌握免疫效果。

③定期进行禽流感疫情的监测,发现异常情况及时报告。

④做好引种检疫。国内异地引入种鸭、种蛋时,应当先到当地动物卫生监督机构办理检疫审批手续并经检疫合格。引入的种鸭必须隔离饲养21天以上,由动物卫生监督机构进行检测,合格后方可混群饲养。

由于高致病性禽流感能直接传染人,影响公共卫生安全,因此,一旦鸭子发生高致病性禽流感,应立即实行以紧急扑杀为主的综合性防控措施。县级以上畜牧兽医行政管理部门划定疫点、疫区、受威胁区,同级政府对疫区实行封锁，扑杀疫区内所有禽类，关闭疫区、受威胁区内禽类产品交易市场，无害化处理所有病死鸭、被扑杀鸭及其禽类产品、鸭排泄物及可能污染的饲料等物品，对疫区和受威胁区内的所有易感禽类进行紧急免疫接种。经过21天以上的监测，未出现新的传染源，解除疫情封锁。

2. 鸭瘟

鸭瘟又名鸭病毒性肠炎，是由鸭瘟病毒引起的鸭的一种急性败血性传染病。鸭感染发病后，表现为体温升高，两脚发软，腹泻，粪便呈绿色，流泪和部分病鸭头颈部肿大，群众俗称本病为“大头瘟”、“肿头瘟”。鸭瘟的发病率和死亡率都很高，鸭群感染后，迅速传播，往往造成大批死亡。

(1) 流行特点。鸭瘟在自然条件下，主要发生于鸭，对不同周龄、性别和品种的鸭都有易感性，不过它们之间的发病率、病程以及死亡率是有差别的。以番鸭、麻鸭易感性较高，北京鸭次之。通常在流行期间，成年鸭的发病率较高，4周龄以下雏鸭发病的较少，鸭群中发病和死亡最严重的都为产蛋母鸭。鹅在与病鸭密切接触的情况下，有时也可能感染发病。其他家禽如鸡、鸽和火鸡都不会感染，但病毒在连续通过鸡胚以后，也能够人工引起2周龄以内的雏鸡感染发病。

鸭瘟的传染来源主要是病鸭或病愈恢复不久的带毒鸭。健康鸭群和病鸭群在一起放牧，或在水中相遇，或是放鸭时经过流行地区，都能够发生感染。被病鸭的排泄物沾污的用具和运输工具，也是传染鸭瘟的媒介。某些野生水禽(如野鸭和飞鸟)感染病毒后，可以成为传播此病的自然疫源或媒介。调运病鸭可造成疫情扩散。

鸭瘟一年四季均可发生，但以春夏之际和秋季流行较为严重，因为这个时期鸭子饲养量最多，鸭群大，密度高，放牧流动频繁，接触的机会多，发病率也较高。当鸭瘟传入有易感性的鸭群之后，一般3～7天开始出现零星病鸭，再经3～5天陆续出现大批病鸭，疫病进入流行发展期和流行盛期。鸭群整个流行过程一般为2～6周。如果鸭群中有免疫鸭或耐过鸭时，可延至2～3个月或更长。

(2) 临床症状及病理剖检。鸭瘟自然感染的潜伏期3～5天。开始发病时,体温升高达43℃以上,高热稽留。表现为精神委顿,头颈缩起,羽毛松乱,翅膀下垂,两脚麻痹无力,伏坐地上不愿移动,强行驱赶时常以双翅扑地行走,走几步即行倒地,最后完全不能站立。病鸭不愿下水,驱赶入水后也很快挣扎回岸,食欲明显下降,甚至停食,口渴状况增加。特征症状是怕光、流眼泪和眼睑水肿。起初流出浆液性分泌物,使眼睑周围羽毛黏湿,而后变成黏稠或脓样,常造成眼睑粘连、水肿,甚至外翻,眼结膜充血或小点出血,甚至形成小溃疡。鼻中流出稀薄或黏稠的分泌物,呼吸困难,叫声嘶哑,部分鸭见有咳嗽。病鸭发生下痢,排出绿色或灰白色稀粪,肛门周围的羽毛被沾污或结块,肛门肿胀,严重者外翻,翻开肛门可见泄殖腔黏膜充血、水肿、有出血点,严重病鸭的黏膜表面覆盖一层假膜,不易剥离。部分病鸭在疾病明显时期,可见头和颈部发生不同程度的肿胀,严重病鸭的头和颈部几乎变成一样粗细,触之有波动感。

鸭瘟的病程一般都很急,平均2～5天,快的在发现停食后一两天即行死亡,慢的可以拖延到1周以上。少数病鸭能够耐过康复。

鸭瘟的典型病变是出现急性败血症,全身组织出血,体腔溢血,尤其消化道黏膜出血和形成假膜或溃疡, 淋巴组织和实质器官出血、坏死。食道黏膜有纵行排列呈条纹状的黄色假膜覆盖或小点出血,假膜易剥离并留下溃疡斑痕。泄殖腔黏膜病变与食道相似,即有出血斑点和不易剥离的假膜与溃疡。食道膨大部分与腺胃交界处有一条灰黄色坏死带或出血带,肌胃角质膜下层充血和出血。肠黏膜充血、出血,以直肠和十二指肠最为严重。肝表面和切面上有大小不等的灰黄色或灰白色的坏死点,少数坏死点中间有小出血点。胆囊肿大,充满黏稠的墨绿色胆汁。心外膜和心内膜上有出血斑点, 心腔里充满凝固不良的暗红色血液。产蛋母鸭的卵巢有明显病变,卵泡发生充血和出血,有的整个卵泡变成暗红色,质地坚实,切开时流出血红色浓稠的卵黄物质,有的发生破裂而引起卵黄性腹膜炎。病鸭的皮下组织发生不同程度的炎性水肿,在“大头瘟”典型的病例中,头和颈部皮肤肿胀、紧张,切开时流出淡黄色的透明液体。

(3) 防治措施。鸭瘟的防治须采取封锁隔离、严格消毒和注射疫苗相结合的综合防治措施。

在没有发生鸭瘟的地区或鸭场,应当着重做好预防工作,严密防止疫病的传入,培育鸭群有效的免疫力。不要从疫区引进鸭,如必须引进,一定要经过严格检疫,并经隔离饲养 2 周以上,证明健康后才能合群饲养。禁止在鸭瘟流行区域和野水禽出没区域放牧。平时对禽场和工具进行定期消毒。定期注射鸭瘟疫苗,产蛋鸭宜安排在停产期或开产前一个月注射。肉鸭一般在 10~14 日龄注射一次即可。

一个地区或鸭场一旦发生了鸭瘟,必须集中力量采取严格的封锁、隔离和消毒措施,将疫病控制在最小范围之内,防止蔓延扩大。要停止放牧,隔离饲养,防止疫情扩大;要扑杀表现症状的病鸭,减少传染源;对发病鸭群的场舍,每天消除粪便,用 10%～20%石灰乳或 5%漂白粉消毒;对鸭群用疫苗进行紧急预防接种,做到 1 根针头注射 1 只鸭子,必要时剂量加倍,可降低发病和死亡。

3. 鸭病毒性肝炎

鸭病毒性肝炎是由鸭肝炎病毒Ⅰ型、Ⅱ型或Ⅲ型引起的、主要发生于 3 周龄以下雏鸭的一种急性高度致死性传染病。其特征是病程短促,临床表现为角弓反张,病变主要为肝脏肿大并有出血斑点。我国多个养鸭的省市都有此病的流行,开始发病时的死亡率高达 90%以上,造成的损失很大,是危害我国养鸭业的主要疫病之一。

(1) 流行特点。鸭病毒性肝炎自然条件下,主要发生于 3 周龄以下雏鸭,成年鸭可感染而不发病,但可通过粪便排毒、污染环境而感染易感小鸭。其他家禽,如鸡、鸽、珍珠鸡、鹅和鹌鹑等,在自然条件下均不易感染。人工感染 1 日龄雏火鸡和 1 周龄雏鹅,能够产生本病的症状、病理变化及血清中和抗体,并从雏火鸡肝脏中分离到病毒。

鸭病毒性肝炎在雏鸭群中传播很快,主要通过消化道和呼吸道传播。从发病鸭场或有鸭病毒性肝炎病史的鸭场购进雏鸭或种鸭,很容易将病毒带进来。而污染的车辆和用具、外来人员等均可机械性传播此病。野生水禽可能成为带毒者,鸭舍中的鼠类也可能散播此病毒,病愈鸭仍可通过粪便排毒1～2个月，但不会经蛋垂直传播。在孵化出雏机器内污染此病毒，可使雏鸭在出壳后24小时内就发生死亡。

鸭病毒性肝炎一年四季均可发生，但冬春时节更易发生。饲养管理不当，鸭舍内温度过高，密度太大，卫生条件差，缺乏维生素和矿物质都能促使此病的发生。

(2) 临床症状及病理剖检。鸭病毒性肝炎的潜伏期很短，只有1～2天。雏鸭都为突然发病，开始时病鸭表现精神萎靡，不能随群走动，眼睛半闭，打瞌睡。随后病鸭不安，出现神经症状，共济失调。发病半天到1天，发生全身性抽搐，身体倒向一侧，两脚痉挛性反复踢蹬，约十几分钟后死亡，头向后背，呈角弓反张姿态故俗称"背脖病"。喙端和爪尖淤血呈暗紫色，少数病鸭死亡前排黄白色和绿色稀粪。

鸭病毒性肝炎的死亡率因年龄而有较大差异，1周龄内雏鸭的病死率可达95%，2～3周龄的雏鸭病死率在30%～70%，4周龄以上的雏鸭发病率和死亡率都很低。

鸭病毒性肝炎的病变主要在肝脏，肝脏肿大，质地柔软，呈淡红色或外观呈斑驳状，表面有出血点或出血斑。胆囊肿胀，充满胆汁，胆汁呈褐色，淡黄或淡绿色。脾脏有时肿大，外观也呈斑驳状，多数病鸭的肾脏发生充血和肿胀，其他器官没有明显变化。

(3) 防治措施。严格的防疫和消毒是预防鸭病毒性肝炎的积极措施，应避免从疫区或疫场购入带毒雏鸭，实行自繁自养和全进全出的饲养管理制度，可有效防止疫病传入和扩散。同时，还应定期对鸭场的环境、用具进行预防消毒。

鸭病毒性肝炎病毒抵抗力较强，在疫区仅靠消毒措施难以保证鸭不发生本病，应该开展鸭病毒性肝炎疫苗免疫。可用鸡胚化鸭肝炎病毒疫苗免疫种母鸭，每只1毫升，隔两周加强免疫一次。这些母鸭的抗体可维持7个月以上，其后代母源抗体可保持2周左右，足以保护雏鸭度过最易感的危险期。但在环境卫生条件差，疫情较重的鸭场，雏鸭可在8～12日龄接种鸭病毒性肝炎疫苗。在疫情不严重的鸭场，对于没有母源抗体保护的雏鸭，可在1日龄接种鸭病毒性肝炎疫苗0.5～1.0毫升。

4. 雏番鸭细小病毒病

雏番鸭细小病毒病又称雏番鸭三周病，是由番鸭细小病毒引起的雏番鸭一种急性或亚急性高度接触性传染病。此病主要侵害出壳后数日龄至3周龄的雏番鸭,具有传播快和死亡率高的特点。

(1) 流行特点。雏番鸭细小病毒病在自然感染的情况下,只有雏番鸭发病,7～35日龄为该病的易感日龄,尤以7～20日龄最易感。一般发病的死亡高峰在10～18日龄,自然感染该病的3周龄内雏番鸭群的发病率为27%～62%,而病死率为22%～43%,且随着日龄的增长其发病率及病死率也随之下降,症状较轻,病程较长。病愈鸭大多成为僵鸭。人工感染试验表明,经肌肉、皮下、腹腔、滴鼻和口服等各种途径都可引起雏鸭感染发病。除发生于雏番鸭外,雏半番鸭、雏鹅和雏鸡等禽类从未见有感染发病。

在自然条件下,易感的成年番鸭一旦传入番鸭细小病毒强毒,先使少数番鸭感染，通过消化道排泄物排出病毒，又引起更多易感番鸭感染,并从一个番鸭群传播至另一个群。带毒鸭群所产的蛋带有病毒,带毒蛋在孵化时,无论是孵化中的死胎,还是外表正常的带毒雏鸭都能散播病毒,污染孵化设施,造成雏鸭感染发病。此外,污染的饲料、用具和环境,都可传播此病。

雏番鸭细小病毒病一年四季均可发病,但以冬、春季发病较多。多流行于饲养番鸭较多的地区,流行具有一定的周期性,但不会在同一地区连续两年发生大流行。目前,此病在我国每年均有不同程度的发生、流行,但发病率和死亡率高低不一。

(2) 临床症状及病理剖检。雏番鸭细小病毒病多呈急性或亚急性经过,患病雏番鸭精神沉郁,食欲不振或废绝,怕冷;腹泻,粪便呈绿色或灰白色,常黏附于肛门周围羽毛;软脚,行走不便,喜蹲伏;多数病鸭呼吸困难,甩头流鼻涕,严重时张口呼吸或喘气;病后期喙发绀,喘气频繁,最后衰竭而死。病程一般2～5天,有的达1周以上。少数病愈雏番鸭大多成为生长不良的僵鸭,个体小、消瘦、掉羽等。

病死雏番鸭的剖检病变主要为胰腺苍白或局部充血，局灶性或整个表面出血，表面有数量不等的针尖大、灰白色的坏死点；肝稍肿大，胆囊胀大；少数病例脾脏肿大，充血；肠道均有明显的病变，肠黏膜呈卡他性炎症，黏膜有少量出血点，肠壁变薄，肠内容物呈淡白或灰黄色，以十二指肠和直肠后段为明显；肾脏呈暗红或灰白色，似煮熟样；其他脏器未见明显变化。

(3) 防治措施。各种抗生素和磺胺药物对雏番鸭细小病毒病均无治疗和预防作用，主要采用以免疫为主的预防措施。

①免疫种番鸭：在有雏番鸭细小病毒病流行的地区，应用雏番鸭细小病毒疫苗接种番鸭是预防本病的一种有效而实用的方法。种鸭开产前一个月皮下或肌肉注射雏番鸭细小病毒疫苗，开产前10～15天用油佐剂疫苗再次免疫，第二次免疫后15天至4个月内种番鸭所产蛋孵化的雏番鸭在10日龄内能抵抗自然感染。

②免疫雏番鸭：对未免疫种番鸭所产蛋孵出的雏番鸭，于出壳后2~3天内用雏番鸭细小病毒疫苗进行免疫即可。

5. 雏番鸭小鹅瘟

雏番鸭小鹅瘟是由鹅细小病毒引起雏番鸭的一种急性病毒性传染病。此病临床上以传播快、死亡率高、剧烈下痢、纤维素性肠炎、小肠中段和(或)后段内形成蜡样栓子为特征，已成为番鸭业危害最大的疫病之一。

(1) 流行特点。在自然条件下，只有雏番鸭和雏鹅发生小鹅瘟，其他禽类和哺乳动物不发病。此病多发于5～25日龄的雏番鸭，随着日龄的增长，易感性降低。1月龄以上的番鸭也有发病，成年番鸭多不发病而成带毒者。20日龄内的雏番鸭发病时死亡率常高达95%，发病日龄越小，发病率和病死率越高；而20日龄以上的雏番鸭发病时，死亡率一般不超过60%。此病的流行常有一定的周期性，大流行之后的一年或数年内往往不见发病，或仅零星发生。

雏番鸭小鹅瘟多发于冬季和早春季节。

(2) 临床症状及病理剖检。易感雏番鸭的临床症状随日龄的变化而不同。7日龄以内的雏番鸭感染后往往呈最急性型，有时不显任何症状即突然死亡，病程只有半天或1天。一般雏番鸭感染后，首先表现为精神沉郁，缩头，步行艰难，常离群独处。继而食欲废绝，严重腹泻，排出大量黄色或淡黄色水样稀粪，喙的前端色泽变深(发绀)，鼻液分泌增多，病鸭摇头，口角有液体甩出，嗉囊内有混合液体和气体。有些病鸭临死前可出现神经症状，颈部扭转、全身抽搐或发生瘫痪。日龄较大的雏番鸭症状比较轻，以食欲不振和腹泻为主，病程也较长，可以延长到1周以上，少数病鸭可自然康复。

此病的剖检病变主要在消化道，以肠道病变较为明显。死于最急性的病鸭，十二指肠黏膜充血，呈弥漫红色，表面附有多量黏液。病程2天以上，日龄10天以上的病鸭，肠道常发生特征性病变，小肠的中段和下段，特别是在靠近卵黄柄和回盲部的肠段，外观上变得极度膨大，体积比正常的肠段增大2～3倍，质地坚实，好像香肠一样。将膨大部分的肠壁剪开，可见肠壁变紧，肠腔中充塞淡灰白色或淡黄色的凝固的栓子状物，将肠腔完全堵塞。栓子很干燥，切面上可见中心是深褐色的干燥肠内容物，外面包裹着厚层的灰白色假膜，是由坏死肠黏膜组织和纤维性渗出物凝固所形成的。

(3) 防治措施。雏番鸭小鹅瘟的流行与发生主要是通过孵坊垂直传播和早期感染，因此孵坊加强消毒和出壳后加强饲养管理等工作显得尤为重要。此外，还应注意不从疫区引种番鸭和雏番鸭。

此病的特异性防治是免疫接种，一是雏番鸭于2～3日龄注射小鹅瘟弱毒疫苗或雏番鸭细小病毒与小鹅瘟二联疫苗，每羽肌注0.2毫升；二是种番鸭在产蛋前2～3周肌肉注射小鹅瘟弱毒疫苗1毫升，1个月后所产的蛋可留作种用。

6. 鸭传染性浆膜炎

鸭传染性浆膜炎又名鸭疫巴氏杆菌病，是由鸭疫巴氏杆菌引起的一种幼鸭急性或慢性败血性传染病。特征是发生纤维素性心包炎、肝周炎、气囊炎及关节炎。近年来，随着养鸭业的迅猛发展和禽产品贸易的扩大，鸭传染性浆膜炎的发病率逐年上升，且易发难治，已经成为制约养鸭业快速发展的重要疫病之一。

(1) 流行特点。鸭传染性浆膜炎主要发生于1～8周龄的幼鸭，尤以2～3周龄幼鸭最易感染，8周龄以上的鸭很少发病。成年鸭罕见发病，但可带菌，成为传染源。其他水禽、火鸡、鸡、鹌鹑及野鸡等也有发病报道。

此病主要经呼吸道或皮肤伤口感染，也可通过种蛋垂直传播，被污染的饲料、饮水、空气等都是重要的传播途径。

鸭传染性浆膜炎一年四季均可发生，以冬春季节多发。育雏舍饲养密度过大、通气不良、潮湿、卫生条件不好、营养缺乏，均易造成此病的发生与传播。

(2) 临床症状及病理剖检。鸭传染性浆膜炎潜伏期一般为1～3天，有时可长达7天。幼鸭发病较急，常在受到某种应激反应(例如运输等)后突然发病，且未见明显症状而发生死亡。病程稍长的病鸭，常见症状为精神沉郁，离群独处，闭目昏睡，食欲减退或废绝，体温升高，呼吸急促，眼、鼻流出分泌物，眼睑污染，摇头，缩颈，两腿无力，运动失调，阵发痉挛，排黄绿色恶臭稀粪。少数病鸭表现跛行和伏地不起等关节炎症状。1～2月龄的雏鸭呈亚急性或慢性经过，不断鸣叫，共济失调，有时转圈，有时后退，发育不良，逐渐消瘦，衰竭死亡。因饲养管理条件的不同，死亡率有很大差异，一般为10%～30%，高的可达50%以上。

鸭传染性浆膜炎急性病例的病变为全身脱水，喙常见充血，肝和脾肿大。病程稍长者，可见全身浆膜的炎症变化，出现纤维性心包炎，心包积液，心包膜有纤维素性渗出物；出现纤维素性肝周炎，肝肿明显大于正常，呈土黄色或灰褐色，质地较脆，表面覆盖一层灰白色或灰黄色纤维素膜，容易剥脱；出现纤维素性气囊炎，腹部气囊后部出现有黄白色的干酪样渗出物，有的出现输卵管炎和关节炎。

(3) 防治措施。鸭传染性浆膜炎发病率高、流行广，必须采取综合防治的措施。一要加强饲养管理，改善育雏舍的卫生条件。给鸭群供应优质、全面、充足的饲料，保持合理的环境温度、空气湿度和饲养密度，加强鸭子的运动，并及时更换垫料，定期消毒鸭舍、饲槽、水槽以及鸭子经常活动的场所，做好通风换气工作，提高鸭子的体质。二要接种鸭传染性浆膜炎疫苗，提高鸭群的主动抗病能力。三要合理用药。磺胺药物、链霉素、庆大霉素、红霉素、氯霉素、四环素等药物对鸭疫巴氏杆菌均有效。但由于近年来抗菌药物的滥用，细菌耐药性日益增强，因此，在用药时最好先做药敏试验，有针对性用药，并及时更换药物，提高疗效。在防治上，通常在饲料中添加磺胺二甲氧嘧啶，连续喂3天效果较好。

7. 鸭大肠杆菌病

鸭大肠杆菌病是指由某些血清型的致病性大肠杆菌引起的全身或局部感染性疾病。其临床表现多种多样，以败血症、心包炎、腹膜炎、肝周炎、输卵管炎、气囊炎等病变为特征。

(1) 流行特点。从胚胎到成年种(蛋)鸭均可感染发病，以2～6周龄鸭最易感，发病率和死亡率很高。种蛋污染可造成孵化期胚胎死亡和雏鸭早期感染死亡。雏鸭和中鸭阶段感染，发病率和死亡率与饲养管理条件密切相关。成年鸭和种(蛋)鸭主要以生殖道感染、腹膜炎比较多见，有零星死亡。天气寒冷、鸭舍地面潮湿等各种恶劣的环境条件和应激因素，均能促进此病的发生和流行。

病鸭和带菌鸭是本病的主要传染源，通过消化道、呼吸道、皮肤创伤等途径感染。被大肠杆菌污染的饲料、饮水、垫料、空气等是主要的传染媒介，也可通过带菌种蛋和污染的孵化器而感染。

鸭大肠杆菌病一年四季均可发生，但以冬末春初多见。

(2) 临床症状及病理剖检。大肠杆菌病的潜伏期为数小时至3天，根据症状和剖检，可分为大肠杆菌败血症和心包炎、腹膜炎、肝周炎、输卵管炎、气囊炎等各种病型。

大肠杆菌败血症在雏鸭中最常见，主要发生于2～6周龄雏鸭，急性病例常突然死亡。一般病例鸭子可见精神不好，食欲下降，渴欲增加，羽毛蓬松，缩颈闭眼，腹泻，喜卧，有的出现呼吸道症状，眼鼻常有分泌物，常因败血症或衰弱脱水而死亡；卵黄囊感染的雏鸭主要表现为脐炎(大肚脐)，精神沉郁，行动迟缓和呆滞，拉稀，泄殖腔周围粪便沾染；成年鸭多发生于产蛋高峰期之后，病程发展比较缓慢，表现为精神沉郁、喜卧、不愿走动，站立或行走时腹部有明显的下垂感，表现为腹膜炎；种(蛋)鸭常表现为鸭群产蛋量下降或达不到预期的产蛋高峰，或出现产软壳蛋、薄壳蛋、小蛋、粗壳蛋、无壳蛋等。

病理变化随各型的不同而有所不同,但比较典型的病变有心包炎、肝周炎和气囊炎,剖检时常有一股异味。肝脏可见肿大,呈青铜色或土黄色,浆膜上有一层纤维素膜覆盖,有时有散在的坏死灶或出血点;气囊壁增厚、浑浊,表面有纤维素性渗出;心包粘连,心包囊内充满纤维素性渗出物。

(3) 防治措施。由于大肠杆菌广泛存在于动物体内和外环境中,因此对此病的防治应采取综合措施。要加强饲养管理,对于商品肉鸭应保持良好的环境卫生条件,采取全进全出饲养方式;要做好种蛋的消毒,淘汰破损或明显有粪迹污染的种蛋。采取保暖措施,避免雏鸭饥饿,提高雏鸭的抵抗力;选用混合血清型疫苗,定期开展免疫接种,提高鸭的抗病力;使用药物防治,庆大霉素、卡那霉素、诺氟沙星等多种抗菌药对大肠杆菌都有较好疗效,但很容易产生抗药性,在预防时应定期轮换用药,治疗时最好先做药敏试验。

8. 鸭霍乱

鸭霍乱又叫鸭出血性败血病、鸭出败、鸭巴氏杆菌病,是一种由多杀性巴氏杆菌引起的鸭急性败血性传染病。此病的特点是,主要以急性型为主,有时也呈现慢性型。发病率和死亡率都很高,发病急、死亡快,是鸡、鸭、鹅等多种禽类共患的传染病。

(1) 流行特点。多杀性巴氏杆菌各种家禽和多种野鸟都能感染,家禽中最易感的是鸭、鹅、鸡。鸭霍乱主要发生于成年鸭、种鸭,小鸭很少发生。常散发性发生,间或呈流行性。

鸭霍乱一般是通过消化道或呼吸道感染,带菌的家禽是此病的主要传染源。带菌家禽、病禽的排泄物和分泌物中含有病菌,通过污染饲料、饮水、用具和场地等散播疫病。狗、猫、苍蝇、蜱和螨等也能传播本病。

鸭霍乱一年四季均可发生,但多发于高温、潮湿、多雨的夏秋两季,以及气候多变的春季。鸭群的饲养管理不良、内寄生虫病、营养缺乏、长途运输、天气突变、阴雨潮湿以及鸭舍通风不良等,都能够促进此病的发生和流行。

(2) 临床症状及病理剖检。病鸭表现的症状,由于疫病的流行时期、鸭体的抵抗力以及病菌致病力的强弱而有差异,一般分为最急性型、急性型两种病型。最急性型发病和死亡很快,常常是在头天晚上一切都很正常,而在第二天早上突然发现有大量死鸭,生前并不显现任何症状。急性型病鸭,常见精神呆顿,离群独处,不愿下水游戏,强行驱赶下水,则行动缓慢,常落于鸭群后面。病鸭羽毛粗乱,两翅下垂,缩脖,厌食甚至废绝,嗉囊中积食不消化,渴欲增加,体温升高,常从口和鼻中流出黏液,呼吸困难。为将积在喉头的黏液排出,病鸭常常摇头,所以群众把它叫做"摇头瘟"。病鸭发生剧烈腹泻,排出腥臭的灰白或铜绿色的稀粪,并可能混有血液。病鸭常常瘫痪,不能行走,在1～3天之内死亡,很少有康复的。

最急性的病鸭,死后剖检常看不到明显的病理变化。急性型死亡的病例,可见肝脏肿大呈古铜色,质脆,表面有许多白色、针尖大小的坏死灶;心冠脂肪、腹腔脂肪和浆膜等处有小点出血或形成出血斑;脾呈大理石样变化,质脆;十二指肠呈卡他性出血性肠炎,肺呈出血性实变。产蛋鸭可能发生卵黄性腹膜炎。

(3) 防治措施。预防鸭霍乱,必须做到防患于未然,养鸭者必须对鸭场定期进行严格的消毒措施,禁止将不同品种和不同日龄的鸭子混养,尽可能避免水源和饲料的污染。常发病的鸭场,可选用禽多杀性巴氏杆菌疫苗,定期做好预防接种。

鸭群中发生鸭霍乱后,必须立即采取有效的防治措施。病死鸭全部烧毁或深埋,鸭舍、场地和用具彻底消毒。对病鸭进行隔离治疗,可用链霉素每只鸭肌肉注射10万～15万单位,一天2次,连用2天;大群治疗此病时,可用土霉素以0.05%的比例混在饲料中,即每10千克饲料加入5克药,连用3～4天,可以达到治疗的目的。

9. 鸭结核病

鸭结核病是由禽结核分枝杆菌引起的一种慢性接触性传染病。此病的特征是慢性经过,表现为渐进性消瘦、贫血、产蛋量减少或不产蛋。

肉鸭由于饲养期短,很快屠宰,较少发现;蛋鸭饲养时间虽然长些,但污染面不大,发病率较低。由于禽结核分枝杆菌能传染给人,因此具有一定的公共卫生安全方面的危险性。

(1) 流行特点。禽结核分枝杆菌主要侵害家禽和鸟类,猪也有易感性,其次是牛、绵羊,人、狗、猫、鹿极少见。据报道,25 种禽类可患结核病,家禽比野禽易发生,家禽中以鸡最敏感。

鸭结核病潜伏期长,多呈慢性,多见于成年和老龄鸭。病禽是鸭结核病的主要传染来源,病禽肠道的溃疡灶和肝、胆的结核病变,通过粪便排出大量结核杆菌,呼吸道分泌物也可能排菌,排出的结核菌污染饲料、饮水、鸭舍、土壤、垫草和环境等,被健康的鸭采食后,经消化道感染。也可由吸入带菌的尘埃经呼吸道感染。人、饲养用具、车辆等也可以传播结核病。如果水源被污染,鸭放牧、嬉水,也可能被传播。鸭的结核病有相当一部分从病鸡感染而来。鸭舍及环境卫生太差,消毒不严、管理不善、密度过大、阴暗潮湿、通风不良等均可促进此病的发生。

(2) 临床症状及病理剖检。病鸭初期无明显的临床症状,呈慢性经过,随病情的发展,可见到病鸭精神差,食欲不振至食欲废绝,被毛粗乱、蓬松、无光泽,不愿下水,产蛋率下降可达 30%或以上,甚至停产,受精率和出雏率降低。如果病鸭关节或肠道受到侵染时,出现跛行、翅膀下垂,或有顽固性腹泻,病鸭最后衰竭死亡。病程为 2～3 个月或持续 1 年以上。有的病鸭甚至会发生肝、脾破裂而突然死亡。

病死鸭剖检可在内脏器官上出现黄灰色干酪样结节, 结节呈单个或多发弥散性存在。切开结节可见内容物呈黄白色干酪样坏死,结节周围有一层纤维性包囊。肝、脾是常发生的器官,肝脏肿大,呈灰黄色或黄褐色,质地坚硬,有大小不等、数量不一的结节,结节大小可从大头针帽大、粟粒大到豌豆粒大,结节少则数个,多则布满肝脏。脾脏肿大 2～3 倍,表面凹凸不平,有蚕豆粒大灰黄色结节。肠道结核可发生于任何肠段。严重时,肺、卵巢、腹壁、肾、嗉囊、食道、气囊等器官也可见到结核病灶。

(3) 防治措施。养鸭场一旦发现结核病,应及时焚烧或深埋病死鸭。鸭舍及环境进行彻底清扫和消毒,清除粪便,用烧碱水消毒。如地面是泥土,应铲去表层土壤,更换新土。患结核病的蛋鸭群,在第一个产蛋高峰后,淘汰全部蛋鸭,蛋不能作为种用。

我国禽结核分枝杆菌的污染面不大,生产上发病率不高,应从无结核病的鸭群引进新鸭,建立无结核病鸭群。

10. 鸭衣原体病

鸭衣原体病是由鹦鹉衣原体引起的一种急性接触性人畜共患病,又叫鸟疫。此病以结膜炎、鼻炎和下痢为特征,雏鸭感染性较高。由于鹦鹉衣原体可传染给人类,因此在公共卫生安全方面具有危险性。

(1) 流行特点。衣原体可感染多种家禽和鸟类,已知鹦鹉衣原体强毒株是由海鸥和白鹭携带,它们均可大量排菌而自身不显症状。家禽的易感性依次是火鸡、鸭和鸽。幼禽易感,出现临床症状早,死亡率高。鸭的衣原体病一般较轻,常无感染症状,在不良的环境和饲养条件下,以及并发其他感染时,易造成流行。衣原体在鸭之间的传播主要是通过空气经呼吸道感染,也可经蛋传染。隐性感染的带菌鸭、感染鸭是主要传染源。

(2) 临床症状及病理剖检。鸭衣原体病发病幼鸭颤抖,拒食,共济失调,排绿色水样稀粪,眼和鼻孔周围被污染物污染。随着病情的发展,病鸭消瘦,陷于恶病质状态,死前常见痉挛。此病发病率为10%～80%,死亡率为0～30%,这取决于感染时的日龄和是否并发沙门氏菌病。若雏鸭继发或并发沙门氏菌感染,则发病率和死亡率较高。

剖检可见胸肌萎缩,全身性浆膜炎,常见的有浆液性或纤维素性心包炎、肝肿大、肝周炎、脾肿大,有的肝、脾上有灰色或黄色坏死灶。

(3) 防治措施。鸭衣原体病目前尚无有效疫苗用于预防。对鸭舍及周围环境清洁消毒,不接触病菌是防止鸭发病的重要途径。鸭子应避免与鸟、动物、其他禽类及其排泄物接触,以控制一切可能的传染来源。新引进鸭,必须隔离观察,作血清学检测后,确认无病才可合群饲养。

发病鸭可拌服四环素类药物治疗,每千克日粮中加入四环素或土霉素0.2～0.4克,连喂1～3周。

由于人类也能感染此病,当饲养、防治和剖检病鸭时,必须注意个人防护和防止污染周围环境。

11. 鸭球虫病

鸭球虫病是养鸭场比较常见的一种寄生虫病，主要由毁灭泰泽球虫、菲莱氏温扬球虫、丹氏艾美球虫等球虫引起，发病率和死亡率均很高。此病主要侵害鸭的小肠，引起出血性肠炎，使鸭的生产力下降；耐过的病鸭生长发育受阻，增重缓慢，对养鸭业造成巨大的经济损失。

(1) 流行特点。球虫感染在鸭群中广泛发生，各种年龄的鸭均可发生感染，鸭球虫只感染鸭，不感染其他禽类。饲养方式不同，鸭球虫的感染情况也不同。网上育雏，饲养条件好，一般不发病。但在 2～3 周龄转为地面饲养时，常严重发病，死亡率一般为 20%～70%，最高可达 80% 以上。4 周龄以上的鸭受感染时，发病率较低。常年地面饲养的鸭，发病日龄无规律。

鸭球虫病主要是通过病鸭或带虫鸭粪便污染的饲料、饮水、土壤或用具等传播，也可通过饲养管理人员机械性的携带卵囊而传播。鸭子吃了饲料或饮水等外界环境中的孢子化卵囊而被感染。

鸭球虫病发病季节与气温和湿度有着密切的关系，以 7～9 月份发病率最高。

(2) 临床症状及病理剖检。急性鸭球虫病多发生于 2～3 周龄的雏鸭，于感染后第 4 天左右出现精神委顿，缩颈，不食，喜卧，渴欲增加。病初拉稀，随后排暗红色或深紫色血便，发病当日或第 2～3 天发生死亡，多数于第 4～5 天死亡。耐过的病鸭多于发病后的第 6 天逐渐恢复食欲，停止死亡，但生长受阻，增重缓慢。慢性型一般不显症状，偶见有拉稀，常成为球虫携带者和传染源。

毁灭泰泽球虫危害严重，剖检可见整个小肠呈泛发性出血性肠炎，小肠肿胀、出血，黏膜上有出血斑或密布针尖大小的出血点，有的见有红白相间的小点，有的黏膜上覆盖一层糠麸状或奶酪状黏液，或有淡红色或深红色胶冻状出血性黏液，但不形成肠心。菲莱氏温扬球虫致病性不强，剖检可见回肠后部和直肠轻度充血，偶尔在回肠后部黏膜上见有散在的出血点，直肠黏膜红肿，呈弥漫性充血。

(3) 防治措施。鸭舍应保持清洁干燥,定期清除粪便,防止饲料和饮水被鸭粪污染。饲槽和饮水用具等应经常消毒。定期更换垫料,运动场换垫新土。

在球虫病流行季节,根据鸭的饲养特点,当雏鸭由网上转为地面饲养时,或在地面饲养达到 12 日龄的雏鸭,可将下列药物的任何一种混于饲料中喂服,均有良效。磺胺间六甲氧嘧啶按 0.1%混于饲料中,或复方磺胺间六甲氧嘧啶(与磺胺增效剂甲氧苄嘧啶 5:1 混合)按 0.02%~0.04%混于饲料中,连喂 5 天,停 3 天,再喂 5 天;磺胺甲基异恶唑按 0.1%混于饲料,或复方磺胺甲基异恶唑(与磺胺增效剂甲氧苄嘧啶 5:1 混合)按 0.02%~0.04%混于饲料中,连喂 7 天,停 3 天,再喂 3 天;克球粉按有效成分 0.05%的浓度混于饲料中,连喂 6~10 天。

12. 鸭曲霉菌病

鸭曲霉菌病又称鸭霉菌性肺炎,是由曲霉菌引起鸭的一种急性或慢性呼吸道传染病。此病主要侵害鸭的呼吸系统,以肺和气囊发生炎症和形成小结节为特征,是鸭的一种常见病。鸭曲霉菌在自然界广泛分布,致病力最强的是烟曲霉菌。

(1) 流行特点。在自然条件下,鸡、鸭、鹅、鹌鹑均可感染曲霉菌。20 日龄内的雏鸭多见发病,但以 4~15 日龄雏鸭易感性最高。随着日龄的增加,鸭的抵抗力也增强,成年鸭多为散发。

鸭曲霉菌病的传播途径主要为呼吸道和消化道,被曲霉菌污染的木屑、稻草等垫料,鸭筐、土壤、空气和发霉的饲料,可含有大量曲霉菌孢子,是引起此病流行的主要原因。在育雏阶段,由于室温高、通风换气不良、过度拥挤、阴暗潮湿以及营养不良等因素,常促使此病的发生和流行。

(2) 临床症状及病理剖检。雏鸭感染后呈急性表现,病初鸭群吵叫不安,继而精神不振、食欲减少或拒食,渴欲增加,羽毛蓬松,翅下垂,嗜睡;病雏逐渐消瘦,随后出现呼吸困难,头颈前伸,张口呼吸,有时发出特殊的“沙哑”声;眼鼻流黏液,有“甩鼻”现象;后期下痢,排黄色粪便,肛门周围沾满稀粪,此时病雏迅速消瘦,精神委靡,闭目昏睡,最后窒息死亡。有的病雏鸭眼结膜充血肿胀，眼睑下有干酪样凝块。病程长短不一，急性病例病死率达50%以上。

成年鸭发生此病时多呈慢性经过，病死率较低。主要表现为生长缓慢，发育不良，羽毛松乱无光泽，病鸭不愿走动，逐渐消瘦而死亡。产蛋鸭感染此病则表现为产蛋减少或停产，病程延至数周。

急性死亡的病鸭，剖检可见气囊和肺有大小不等的灰白色小结节，有如小米粒状。在病程久的慢性病例中，常见的肺、胸和腹部气囊上有呈灰白色或灰绿色结节；有的气管内也有黄白色结节；肝、肾、心等脏器以及胸腔、腹腔浆膜上也有灰白色结节或病斑。

(3) 防治措施。平时要加强饲养管理，搞好环境卫生，特别是鸭舍的通风和防潮湿；不要用发霉的垫草和禁喂发霉饲料；鸭舍经常用0.5%新洁尔灭、0.5%～1%甲醛消毒；注意孵化器的消毒，用前或已入孵鸭蛋，应于24小时内用福尔马林熏蒸消毒，杀灭孵化器和蛋壳表面污染的霉菌或霉菌孢子以及其他细菌与病毒。

如果鸭群已被感染发病，则应及时隔离病雏，清除垫草和更换饲料，消毒鸭舍。放牧鸭群发病后可重换牧地，脱离污染环境。目前尚无特效的治疗方法，但可用制霉菌素拌料混饲，葡萄糖或电解多维混饮，连用5～7天，可以控制疫情，制止死亡。

（四）病死鸭无害化处理

病死鸭无害化处理指用物理、化学或生物学等方法处理带有或疑似带有病原体的病死鸭尸体、鸭产品或其他物品，达到消灭传染源，切断传播途径，破坏毒素，保障人、鸭健康安全。

1. 运送

鸭尸体的运送应采用密闭、不渗水的容器，装前卸后必须要消毒。

2. 销毁

当确认鸭患高致病禽流感、鸭瘟时，染疫的鸭经扑杀后的尸体，病

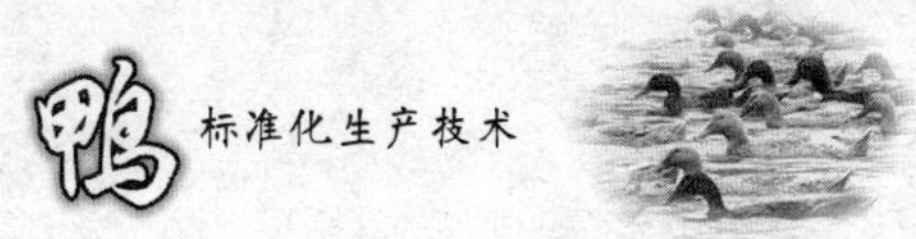

死鸭尸体，及其鸭蛋、鸭肉等产品，必须进行销毁处理，销毁有焚毁和掩埋两种操作方法。焚毁是将病死鸭的尸体及其产品投入焚化炉或用其他方式进行烧毁炭化。掩埋是将病死鸭的尸体及其产品埋于地下，要求掩埋地远离学校、公共场所、居民住宅区、村庄、动物饲养和屠宰场所、饮用水源地、河流等地区；掩埋前应对需掩埋的病害鸭尸体和病害鸭产品实施焚烧处理；掩埋坑底铺2厘米厚生石灰；掩埋后需将掩埋土夯实，病害鸭及其产品应距地表1.5米以上；焚烧后的病害鸭尸体及其产品表面，以及掩埋后的地表环境应使用有效消毒药喷洒消毒。

3. 无害化处理

除患高致病禽流感、鸭瘟以外的其他疫病时，染疫鸭子及其尸体可以利用干化机或湿化机进行化制，鸭毛可以进行消毒处理。化制是将鸭子整个尸体、割除下来的病变部分或内脏等投入化制机进行熬制工业用油等。鸭毛消毒方法有盐酸食盐溶液消毒法、过氧乙酸消毒法或碱盐液浸泡消毒法。盐酸食盐溶液消毒法：用2.5%盐酸溶液和15%食盐水溶液等量混合，将鸭毛浸泡在此溶液中，并使溶液温度保持在30℃左右，浸泡40小时，浸泡后捞出沥干，放入2%氢氧化钠溶液中，以中和羽毛上的酸，再用水冲洗后晾干。过氧乙酸消毒法：将鸭毛放入新鲜配制的2%过氧乙酸溶液中浸泡30分钟，用水冲洗后晾干。碱盐液浸泡消毒法：将鸭毛浸入5%碱盐液（饱和盐水内加5%氢氧化钠）中，室温（18～25℃）浸泡24小时，并随时加以搅拌，然后取出，待碱盐液流净，放入5%盐酸液内浸泡，使羽毛上的酸碱中和，捞出，用水冲洗后晾干。

五、兽药使用技术

兽药是指用于预防、治疗、诊断畜禽等动物的疾病或者有目的地调节其生理机能的物质(包括药物饲料添加剂)。科学、合理、正确地使用兽药,不仅能有效地防治动物疾病,促进动物生长,提高动物生产性能,而且可以有效减少和控制所用药物在动物体内的残留。反之,若乱用药、滥用药,则不仅达不到预防或治疗动物疾病的效果,浪费钱财,还会造成畜禽产品的药物残留,严重的还会危及人们对肉食和禽蛋等产品的消费安全和环境安全。

为保障畜禽养殖的动物产品质量安全,国家已经发布实施了《动物性食品中兽药最高残留限量》(见附录一)、《饲料药物添加剂使用规范》(见附录四)、《兽药停药期规定》(见附录七)以及《食品动物禁用的兽药及其他化合物清单》(见附录六)等强制性标准和规范。这就要求在鸭子饲养过程中养殖场(户)必须科学、合理地使用兽药,最大限度地控制药物的使用,绝不使用禁用药。

动物产品中兽药最高残留限量,是指未经熟制的肉、蛋、奶等动物产品中含有的兽药或其代谢产物不得超过规定的浓度(每千克鸭肉或鸭蛋中某一种药物的残留量,用微克表示)。不同动物产品的残留限量,也是建立停药期(即动物最后一次用药到屠宰上市或产品上市的间隔时间)的主要依据。

(一)鸭蛋及鸭肉中药物残留超标的主要原因

造成鸭蛋及鸭肉中药物残留超标的主要原因,总的来说是滥用药、乱用药造成的,归纳起来主要有 4 个方面。

1. 不了解或不遵守国家有关禁用药物的规定

由于许多药物有毒副作用，因而残留在动物产品中均会对食用者造成严重的伤害。有些人畜共用药，动物使用后会产生耐药性，进而影响人用药的疗效。对这些药物国家已明令禁止用于食品动物。随着科学研究工作的不断深入，很多药物的毒副作用或耐药性不断被人们所认识，被证实。同时，随着生活质量的不断提高，对动物产品的质量安全要求也愈来愈高。因此，国家将陆续作出新规定，还将有一系列药物和物质被列入禁用范围，或禁用于所有食品动物，或禁用于某些食品动物，或禁用于食品动物的促生长。然而养殖者由于对国家的法律、法规和有关禁令了解甚少或信息不灵，不能及时了解禁用药物的种类，在饲养过程中继续使用禁用药物，如呋喃唑酮(痢特灵)的违法使用等。更为严重的是，有些养殖者明知这些药物属于国家禁用范围，但受利益驱动，仍然在饲养过程中给食品动物使用。如生猪生产中极少数养殖者违法使用“瘦肉精”，鸭蛋生产中违法添加“苏丹红”等化学物质。违法使用禁用药者将受到法律的严厉制裁。

2. 滥用、乱用药物

不少养鸭者片面理解“预防为主、防重于治”的疾病防治方针，不管饲养的鸭子有病还是无病，长期添加抗生素用于促生长、保健康，即盲目使用药物、大剂量长时间用药，造成上市产品中药物残留超标。有时给药途径不当、用药对象不对，也会造成产品中药物残留超标。此外，也有人在饲料中违法直接添加原料药，造成产品中药物残留超标。其原因是由于原料药药物浓度高达90%以上，在饲料中不易搅拌均匀，使得鸭子采食的药物量有的多，有的少，鸭子采食的药物浓度过高的会造成动物产品中药物残留超标，严重的还会引起药物中毒，而有些鸭子摄取的药物浓度过低，又不能取得预防或治疗作用。

3. 不遵守停药期规定

停药期(或叫休药期)是指动物最后一次用药到屠宰上市或禽蛋、

生鲜奶上市的间隔时间。在实际生产中,不少养殖者不遵守停药期规定,给动物用药后尚未达到兽药标签上注明的停药期就出栏或上市。在肉鸭饲养中,因肉鸭饲养期短,如使用磺胺类药物,由于此类药物在动物体内排泄慢,停药期长达 28 天,因此有可能出现肉鸭已到出栏日龄但停药期未到的状况,从而造成药物残留超标。此外,有些兽药产品的包装标签上没有按照规定注明停药期,养殖者无法正确执行药物使用停药期,也是造成动物产品药物残留超标的另一个重要因素。

4. 兽药产品本身的质量问题

一些饲料生产或兽药生产企业,为增强其产品的促生长或防病作用,不遵守国家的有关规定,擅自在上市销售的兽药产品中添加国家禁用的药物或其他化合物;或者添加的虽然是国家允许使用的药物,但在产品标签上不加以注明,而多数蛋鸭或肉鸭养殖场(户),使用的配合饲料是从市场上购买,即使自己生产自配料,其添加剂预混料或兽药也是从市场上或从兽药经营店购买,只看标签说明书,难以了解使用的饲料或兽药中可能含有其他兽药甚至禁用药。这些兽药或添加剂预混料使用后往往可能导致一些药物的使用不能得到有效控制,或者导致重复使用药物,造成这些药物在鸭子体内或鸭蛋中残留。如无公害鸭蛋中恩诺沙星不得检出,也就是蛋鸭产蛋期不得使用恩诺沙星药物,但如果在使用的其他兽药产品中加有恩诺沙星的,则鸭蛋中很有可能检出恩诺沙星残留。这就要求养鸭者提高自我识别能力或购买质量安全信誉好的兽药产品。

(二)控制鸭蛋及鸭肉药物残留的关键点

为了控制鸭蛋和鸭肉产品中兽药残留不超过国家规定的允许限量,养鸭过程中必须在以下几个关键点采取有效控制措施。

1. 培育健康鸭群

加强育雏、育成和生产等各个阶段的饲养管理,满足各类鸭子生长发育或产蛋营养需要，给鸭子提供清洁卫生的生活环境，培育健康的鸭群，就可从根本上减少药物的使用。因此，培育健康鸭群是控制药物残留最基础的关键点(详见本书“三、饲养管理控制技术”相关内容)。

2. 严格按免疫程序免疫

做好鸭子防疫工作，严格按免疫程序进行免疫，不仅能保护全场鸭子的安全和正常生产，提高经济效益，而且会因鸭子发病率的降低，大大减少药物的使用，从而减少鸭子体内的药物残留。即是说，防疫工作也是控制药物残留的关键点(详见本书“四、疾病防治技术”相关内容)。

3. 正确选用药物种类

(1) 尽量选用农业部允许使用，且不会造成药物残留的营养性品种。如氯化胆碱、亚硒酸钠、维生素类、微量元素类、酶制剂和微生态制剂等，使用这些种类可起到提高畜禽抗病力、促进生长作用。

(2) 优先选用中草药或畜禽专用药。中草药是天然的药物，其毒副作用总体上较少，而且很多中草药既是人类的药物又是食物，中草药对动物的很多疾病有较好的防治效果，并有提高畜禽生产性能的作用，有农业部批准文号的市场上销售的中草药制剂(包括中草药提取物)可放心选用。畜禽专用药，如杆菌肽锌、盐霉素、黄霉素、恩拉霉素、氟苯尼考等，是人体医学上不使用的畜禽专用药物，畜禽使用这些药物后食用其产品不会或不容易对人体造成抗药性，因此，常可加在饲料中作为畜禽的预防用药。

(3) 合理选用饲料药物添加剂。具有预防动物疾病、促进动物生长作用，可在饲料中长期使用的兽药叫饲料药物添加剂。目前我国农业部第168号公告《饲料药物添加剂使用规范》附件一(见附录四)已公布的有33种，其产品批准文号格式为“兽药添字(××××)×× ××× ××××”。这33种饲料药物添加剂也有使用对象的限制，同时也规定了休药期。如喹乙醇预混剂，仅用于体重35千克以下的猪，禁用于家禽、鱼及体重35千克以上的猪。饲料生产企业生产的商品饲料(包括添

加剂预混料)，加入我国农业部第168号公告《饲料药物添加剂使用规范》附件一中的33种饲料药物添加剂时，必须在饲料标签中注明所含的兽药名称、含量、适用范围、休药期及注意事项。

另一类饲料药物添加剂是指用于防治动物疾病并规定疗程，仅是通过混饲方法给药的饲料药物添加剂，目前我国农业部第168号公告《饲料药物添加剂使用规范》附件二(见附录四)所列入的有24种，其产品批准文号格式为“兽药字(××××)×× ××× ××××”。这24种饲料药物添加剂实际上是通过饲料饲喂途径的兽药。对这类兽药我国农业部规定，一是只能通过兽医处方才能购买和使用；二是所有商品饲料中不得添加，如磷酸泰乐菌素预混剂、伊维菌素预混剂、盐酸林可霉素预混剂、硫酸新霉素预混剂等。

(4) 禁止使用违禁药物。目前，我国规定禁用的药物有几十种，分为兴奋剂类、性激素类、蛋白同化激素、精神药品类、氯霉素、硝基呋喃类、抗生素滤渣等。农业部第193号公告《食品动物禁用的兽药及其他化合物清单》(见附录六) 规定了18种兽药及其化合物禁用于所有食品动物，3种禁用于食品动物的促生长；农业部、卫生部、国家药品监督管理局第176号公告《禁止在饲料和动物饮用水中使用的药物品种目录》(见附录五)公布了禁止在饲料和动物饮水中使用的40种药品和物质；此外，国务院颁布的《兽药管理条例》还规定：禁止将人用药用于动物，禁止使用假兽药、劣兽药；禁止将原料药直接添加到饲料和动物饮水中或直接饲喂动物。

4. 采购合法兽药，把好兽药选购关

(1) 养鸭场(户)采购兽药必须有专人负责，要有固定的采购渠道(生产厂家、经销商)和品牌，选购的兽药产品必须通过农业部GMP认证的兽药生产企业生产，且具有合法的兽药批准文号。必要时可向经销商(店)索取GMP证书、兽药生产许可证复印件和兽药文号批件复印件。最好选购生产规模大、品牌响、产品质量稳定、信誉度高的企业产品。

兽药产品批准文号现为农业部统一发放，常用的化学类兽药的批

准文号格式为“兽药字(××××)×× ××× ××××”,其中(××××)代表年份,×× 代表每个省的代号,浙江兽药生产企业的代号为11,××× 代表某兽药生产企业的许可证号,×××× 代表药物的品种号。养殖者在市场购买时可基本识别文号真假。兽药批准文号还有“兽药添字(××××)×× ××× ××××”(饲料药物添加剂)和“兽药生字(××××)×× ××× ××××”(兽用疫苗)等。

(2) 采购前,必须先审查兽药标签和说明书,如外包装标签是否有兽用标志、兽药名称、主要成分、适应证、用法与用量、含量规格、包装规格、批准文号、生产日期、生产批号、有效期、贮藏、生产企业信息等。说明书要重点审查不良反应、注意事项、停药期等内容。若某种兽药产品,标签上兽药名称只有商品名而无通用名、主要成分不标示、含量规格含糊不清、无生产日期的等不能采购。那些没有批准文号、批准文号过期的(批准文号有效期为5年,如2008年生产的2002年以前的批准文号产品就是过期产品),或有效期已过的兽药,属假、劣兽药,绝对不能采购。禁用药绝对不能采购。

5. 正确用药

用药必须在兽医的指导下进行。用药前养鸭场(户)必须查看兽药使用说明书,了解农业部第22号令《兽药标签和说明书管理办法》的有关要求,正确掌握药物的适用对象(肉鸭或蛋鸭)、适用动物日龄(用药时的鸭子日龄)、适应证(球虫病或白痢病等)、疗程(连续用药的时间,一般一个疗程用药3~5天)、使用剂量(每只鸭子用药量)、给药途径(肌肉注射、饮水等)。还要注意同时用2种兽药时的联合用药配伍禁忌,用药时要制订用药方案、用药期限、用药次数等。具体用药原则、用药技术和用药方法详见下节内容。

(三) 科学合理用药

要想控制鸭肉及鸭蛋中的药物残留量,使生产的畜产品达到无公害和绿色食品要求,既满足广大消费者的需求,又减少用药成本,就要科学、合理、正确地使用兽药。

1. 用药原则

(1) 根据病因用药。正确和明确的诊断是正确选择用药的前提。预防用药时,事前最好通过各种监测,了解掌握本场已经存在的病原或可能发生的疾病。当鸭子发生疾病时,要先请兽医诊断,必要时结合实验室检测后针对性用药治疗。

(2) 严格控制群体用药和预防用药。非传染病的,不应采用群体给药,特别是将要出栏上市的鸭子和产蛋鸭。如产蛋期个别蛋鸭发病时,应将发病蛋鸭及时隔离饲养,进行单独治疗。群体用预防药,应用农业部第168号公告《饲料药物添加剂使用规范》附件一(见附录四)规定的33种药物预混剂进行预防。

(3) 严格执行停药期。停药期长的药物,说明该药物在畜禽体内代谢时间长、排泄慢,因此,对快要出栏上市的鸭子,用药时间和用药剂量要严格控制,严格执行农业部第278号公告《兽药停药期规定》(见附录七)规定的停药期,力争做到少用药、不用药。

(4) 在下列情况下可不使用药物治疗:①无法治愈的病鸭;②治疗费用太高而经济价值不高的病鸭;③治疗费工费时的病鸭;④传染性强、危害大的病鸭。此外,法律法规规定须无害化处理的病鸭如患高致病性禽流感的鸭子必须进行无害化处理。

2. 合理掌握用药剂量和使用疗程

除了根据兽药产品标签和使用说明书上标示的用药剂量、疗程和注意事项用药外,具体用药时还应注意:

(1) 使用合理剂量。剂量并不是越大效果越好,很多药物有最适剂量,若大剂量使用,不仅造成药物残留,而且会发生畜禽中毒。但在实际生产中,首次使用抗菌药可适当加大剂量。

(2) 饮水给药要考虑药物的溶解度和鸭子的饮水量,确保鸭子吃到足够剂量的药物。实际生产中,要选用兽药可溶性粉剂,且配制的药液应使服用的鸭子一次性饮完为宜。

(3) 拌入饲料服用的药物,应使用兽药预混剂,且必须搅拌均匀,防止畜禽采食药物的剂量不一致。如药物搅拌不均匀,会造成吃得多的畜禽可能发生中毒,而吃得少的起不到治疗效果。同时,要将采食量多的动物与采食量少的动物分开饲喂,给采食量少的动物延长采食时间。

(4) 肌肉注射药物,要注意药物的集合黏度。黏度大的药物,抽取的药液应适当超过规定的剂量,而且注射的速度要慢一些,时间要长一些,因为注射速度过快会在针筒壁上黏住少量的药液。

(5) 药物连续使用时间,必须达到一个疗程以上。不可以用 1～2 次就停药,或急于调换其他药物品种,因很多药物,需使用一个疗程后才显示出疗效。若连续使用 2～3 个疗程后疗效仍不明显的,要考虑更换药物品种。

(6) 注意停药期。凡停药期长、毒副作用大的药物(如磺胺类)等要严格控制剂量,并严格执行停药期。

3. 制订科学的用药计划和程序

根据不同的用药目的(是预防,还是治疗、个体治疗,还是群体治疗)、防治疾病的种类、药物的使用对象(雏鸭或生长鸭、肉鸭或蛋鸭)以及药物使用后显示的效果等, 要制订出并随时调整合理的用药计划和程序,常见用药方法有重复用药、连续用药、轮换用药、联合配伍用药等。不同的程序和方法,会产生不同的作用和效果。长期使用同一种药物会产生耐药性,并且会因过度用药造成禽产品中药物残留。因此,需要根据各鸭场的实际情况制订科学的用药计划和程序。具体用什么药治什么病参见本书“四、疾病防治技术”相关内容。

4. 联合用药和配伍禁忌

实际生产中,有时会用 2 种以上的抗菌药物进行预防或治疗疾病的联合用药情况,联合用药要注意配伍和禁忌问题。抗菌药物合理配伍,可达到协同作用或相加作用,从而可加强疗效。配伍不当则可发生拮抗作用,使药物的作用相互抵消,疗效下降,甚至引起毒副反应。

(1) 具有协同作用的常用药物。

①青霉素类与链霉素、硫酸卡那霉素、庆大霉素等氨基糖苷类药物有协同作用(青霉素破坏细菌细胞壁,有利于氨基糖苷类药物进入细菌内发挥作用)。

②氟喹诺酮类药物(主要包括氟哌酸、培氟沙星、沙拉沙星、恩诺沙星、环丙沙星、氧氟沙星、达氟沙星等)与青霉素类、链霉素、硫酸庆大霉素、卡那霉素等配伍有协同作用。如环丙沙星+氨苄青霉素联用对金黄色葡萄球菌有相加作用,环丙沙星+TMP(甲氧苄胺嘧啶)对禽大肠杆菌有相加作用。

③氟喹诺酮类药物与四环素类药物(主要包括土霉素、金霉素、四环素、强力霉素等)配伍应用有协同作用。如氟哌酸与强力霉素的复方制剂可有效防治包括呼吸道疾病在内的混合感染。

④四环素类药物与泰乐菌素、泰妙菌素配伍用于胃肠道和呼吸道感染时有协同作用,可降低使用浓度,缩短治疗时间,再加上TMP、DVD(二甲氧苄啶)又有明显的增效作用。

⑤磺胺类药物与抗菌增效剂(TMP或DVD)合用有协同作用;磺胺类药物与多粘菌素合用可增强对变形杆菌的抗菌作用,SMZ(磺胺甲恶唑)+TMP+多粘菌素对各种革兰氏阳性杆菌有效。磺胺类药物也可与氟喹诺酮类药物配伍应用,如磺胺二甲氧嘧啶与环丙沙星合用对大肠杆菌和金黄色葡萄球菌有相加作用。

(2)具有拮抗作用的常用药物。

①磺胺类药物尽量避免与青霉素类药物同时使用,因磺胺类药物有可能干扰青霉素类的杀菌作用;液体型磺胺类药物不能与酸性药物如维生素C、四环素、青霉素等合用,否则会析出沉淀;固体剂型磺胺类药物与氯化钙、氯化铵合用会增加泌尿系统的毒性。

②土霉素不能与北里霉素合用;杆菌肽锌禁止与土霉素、金霉素、北里霉素、恩拉霉素合用。

③氟喹诺酮类药物慎与氨茶碱合用;含铝、镁的抗酸剂及金属离子对氟喹诺酮类药物的吸收有影响。

此外,还要注意所选用的抗球虫药物之间的配伍禁忌,如盐霉素、莫能菌素不能与泰妙菌素同时使用。

总之,联合用药时要掌握协同、拮抗作用,及时观察动物的反应,修订用药方案。

5. 轮换使用,定期休药

为防止或减少病原微生物耐药性的产生,一个养鸭场内不能长期使用同样的一两种抗菌药物,尤其是添加在饲料中的药物预混剂不能长期使用。通常在饲料中添加的某种抗菌药物预混剂,连续使用3～6个月后应更换其他药物预混剂,这样既能保证抗菌药物的抗菌促生长作用,又能避免耐药菌株的产生。

6. 加强消毒,杀灭养鸭环境的病原微生物

消毒能减少疾病的传播和发生,从而减少畜禽生产中药物的使用。用消毒药定期消毒鸭舍、垫料、食槽、运动场等,是杀灭养鸭环境的病原微生物,减少鸭病传播和发生最经济、最有效的办法。

消毒药的种类很多,有碱类消毒剂、酸类消毒剂、醛类消毒剂、卤素类消毒剂等。消毒药主要通过 3 种途径达到消毒作用:①使病原菌菌体蛋白变性、凝固;②改变病原菌菌体细胞浆膜的通透性,使菌体内酶和营养物质漏失,水分渗入,造成菌体细胞溶解或破裂;③影响细胞的酶系统,使细菌的正常代谢受阻。常用的消毒方法有喷雾、泼洒、浸泡、涂擦、冲洗等。

正确选用消毒药,确定合适的消毒方法对提高消毒效果至关重要。

(1) 合理选用消毒药。

理想的消毒药应选择:①对人畜安全,没有残留,不污染环境,对设备、器具没有破坏性;②杀菌或杀病毒性能好,作用迅速;③性质稳定,可溶于水,无易燃性和爆炸性;④价格低廉,容易购买得到。但现有的消毒药都存在一定的缺点。在实际生产中,应根据消毒的目的、消毒的对象、消毒的环境、消毒时的气温等情况来选择消毒药。

实际生产中消毒药物的选择和使用:一是要注意选择对病原微生物敏感的消毒药物。如病毒对碱和甲醛很敏感,而对酚类的抵抗力却很大。大多数的消毒药对细菌有作用,但对细菌的芽孢和病毒作用很小。

二是消毒药物配制的浓度要适当。一般来说，消毒药的浓度越高，杀菌力就越强，但也不是越高越好，使用时应按兽药标签说明书提供的浓度选择有效和安全的杀菌浓度进行消毒。三是提高温度可增强消毒效果，因而在夏季的消毒作用比在冬季要强。四是鸭舍和器具消毒前先要清理环境中的粪、尿等有机物，否则会影响消毒药效力的发挥。五是消毒药物对鸭舍、器具等物体的消毒应保持一定的消毒时间后才能冲洗掉，以保证消毒效果。表16为常用的消毒药消毒时的条件和要求。

表16 常用消毒药使用时的条件和要求

药物名称	药物类别	常用浓度	pH	适宜温度	使用方法
氢氧化钠 氢氧化钾	碱	1%～5%	≥13	≥22℃	舍外环境喷洒
福尔马林	醛	5%～10%	6	≥15℃	舍外环境喷洒，空舍熏蒸
二氯异氰尿酸钠	卤素	1∶800	6	≥0℃	舍内带鸭喷雾消毒，消毒池、车辆及过道环境消毒等
二氧化氯	氧化剂	1∶1500	<3	≥0℃	空舍熏蒸，带鸭喷雾消毒
复合酚	酚	1∶300	3	≥0℃	舍内带鸭喷雾消毒，消毒池、车辆及过道环境消毒等
络合碘	卤素	1∶500	3	≥0℃	舍内带鸭喷雾消毒
过氧乙酸	氧化剂	0.05%～0.1%			空舍熏蒸，带鸭喷雾消毒

(2) 消毒药的配制与主要消毒对象。

①有机氯或有机碘制剂：选用二氯异氰尿酸钠、三氯异氰尿酸钠或碘剂，按兽药产品说明书提供的使用浓度，将药剂倒入预先计算或估量好的清水中，用搅棒搅拌溶解后使用，现配现用。常用于动物的带体消毒、环境消毒、车辆消毒以及饲料槽、清粪工具等易被腐蚀的用具物品的消毒。

②烧碱(氢氧化钠)：取烧碱1千克，加水49千克，充分溶解后即成2%的烧碱水。常用于病毒性疫病的消毒，如预防高致病性禽流感以及细菌性疾病感染时的环境和用具的消毒。因烧碱有强烈的腐蚀性，应注意不要用于金属囚禁器械及纺织品的消毒，更应避免接触鸭子皮肤。

烧碱用于饲养场门口消毒池内的消毒时，可用以下方法配制：在消毒池内灌入2/3满清水，根据消毒水池大小估算烧碱用量，即按每100千克水加烧碱(片碱)2千克标准，将计算好的用量倒入消毒池，后用竹扫帚或竹棒搅拌池水直至烧碱全部溶解。消毒池应经常保持2/3满的药液，每3天或雨后及时用石蕊试纸测pH值，当pH值低于8.0时应及时补加烧碱。

③甲醛：每立方米空间用福尔马林(40%甲醛溶液)42毫升、高锰酸钾21克配制。常用于能密闭的禽舍熏蒸消毒及种蛋消毒。

④10%~20%石灰乳(氢氧化钙)：取生石灰5千克加水5千克，待化为糊后，再加入40～45千克水即成。用于栏舍及场地的消毒，要现配现用，搅拌均匀。

⑤石灰粉(氧化钙)：取生石灰块5千克，加水2.5～3千克，使其化为粉状。主要用于舍内地面及运动场的消毒，兼有吸潮湿作用。

⑥漂白粉(含氯石灰)：取漂白粉2.5～10千克，加水47.5～40千克，充分搅匀，即为5%～20%的漂白粉混悬液。能杀灭细菌、病毒及炭疽芽孢，可用于栏舍、饲槽及畜禽排泄物的消毒。漂白粉易潮湿分解，应现用现配。由于其具有腐蚀性，要避免用于金属器械的消毒。

⑦过氧乙酸：0.4%～0.2%的过氧乙酸溶液用于浸泡消毒，0.1%～0.05%的过氧乙酸用于喷雾消毒。

⑧70%～75%酒精溶液：取95%酒精1000毫升，加水295～391毫升，即成75%～70%浓度的酒精。主要用于皮肤、针头、体温计等消毒。

由于其易燃烧，不可接近火源。

⑨5%碘酒：取碘片 5 克，碘化钾 2.5 克，加适量酒精溶解后，再加 95%酒精到 100 毫升。外用有强大的杀菌力，常用于皮肤消毒。

目前，养鸭生产中使用的消毒药新品种不断增加，但它们的消毒机理、选用原则、使用注意事项，基本与同类产品相似。因此在使用新消毒药时，只要按照标签说明书要求配制和使用，就能达到预期目的。

六、鸭蛋的收集与保存

鸭蛋生产是养殖蛋鸭最主要的目标,鸭蛋的收集与保存直接影响到蛋鸭养殖的经济效益。

(一)鸭蛋的收集

实施标准化养殖的蛋鸭场,在蛋品出场时应有统一的包装与品牌。为获取高合格率的商品蛋,直接提高养殖者的经济效益,应该做好下列几点:

1. 选好品种

饲养蛋鸭的目的是产蛋,因此必须选择饲养高产蛋用型品种。不要饲养肉用型或兼用型品种,因为蛋用型鸭成熟早、产蛋量高、耗料省、性情温和,便于圈养管理。这是高产的基础;否则,产蛋就不理想。如绍兴鸭及其配套系,金定鸭、莆田黑鸭、龙岩麻鸭、攸县麻鸭、连城白鸭等,均是比较理想的高产蛋用型蛋鸭。

2. 严防应激

许多因素的突然刺激,均会引起蛋鸭应激而使产蛋量下降。如突然变换饲料品种或饲喂霉变、适口性差的饲料,断料断水时间过长而造成饥渴状态,接种疫苗和注射药物,声、光、兽的惊吓,环境温度突然改变,舍内空气流通不畅,以及迁移鸭舍等。上述因素一定要尽量避免。

3. 适时开产

一般掌握在100～120日龄开产,开产时体重1350～1450克,发育整齐,羽毛长齐,光滑紧凑,叫声洪亮,举动活泼;开产后2～3周达到产蛋高峰。如开产过早,鸭子往往未达到体成熟,容易引起早衰,致使产蛋期缩短。开产过迟,则容易引起肥胖,产蛋性能亦较差。

4. 预防食蛋

蛋鸭在营养不满足时,会产下软壳蛋、薄壳蛋。这些蛋容易被鸭子踩破在鸭舍内,如不及时清除,易被鸭子采食,久而久之,易养成食蛋癖,会啄食刚产出的正常蛋而影响蛋的收集量,这些现象往往表现在老鸭群中。

5. 全进全出

同一幢鸭舍应饲养同一品种、同一日龄的蛋鸭。这样有利于鸭群的管理,有利于产出相对一致的商品蛋,提高鸭蛋的商品率。

6. 及时拣蛋

蛋鸭的生活习性是在每天的凌晨1～2点左右产蛋,天亮后就要下水洗羽毛,饲养员应在鸭出舍后立即拣蛋,同时将清洁蛋与污蛋分别放置。

7. 其他注意事项

保持合理的饲养密度,一般每平方米舍内面积饲养蛋鸭不要超过8只,让蛋鸭有足够的产蛋窝;合理运用光照制度,促进蛋鸭的整齐开产和提高产蛋量;由于蛋鸭饲养是在自然气候状态下的,故应注意不同季节(如炎夏、冬季、春秋、梅雨季节等)的饲养管理区别;根据饲养场地的特点,制订合理的饲养规程,培养蛋鸭良好的生活习性,使蛋鸭能在相对固定的地点产清洁蛋,减少污蛋;勤铺干草垫料,保持舍内清洁干燥;对偶尔产出的污蛋,不能直接用水清洗,可用湿布(不能太湿)擦拭污蛋表面。

(二)鸭蛋的保存

实行标准化养殖的蛋鸭企业,鲜蛋应该是零库存,即每天应将鲜蛋送市场销售。超过 3 天保存时间的鸭蛋应该收回用作蛋品加工。但由于目前各养殖场在与市场的衔接上还没有完全到位, 鲜蛋的贮存还是一个现实问题,若贮存不当,会使鲜蛋变质,遭受损失;若能做到直接销售或贮存得当,则可使企业有效抵御市场波动的风险,增加收入。目前,最合适的办法是养殖场与蛋品加工企业或鲜蛋批发(农贸)市场对接。

下面介绍几种鲜鸭蛋的保存方法,供各地参考。

1. 冷藏法

冷藏法是国内外比较常见也是最普通的保存方法。把鲜蛋放到冷库里,利用低温抑制蛋内微生物和酶的活动,使蛋的呼吸作用放缓,以保持鲜蛋的营养价值。鲜蛋入库前必须进行选择和检验,剔除污蛋、裂缝蛋,将符合要求的鲜蛋先行预冷,再将鲜鸭蛋贮存在温度为-1～4℃,相对湿度保持在 80%～90%的环境下可保存 4～6 个月。冷藏期间每周要检查一次蛋品质量。冷藏鲜蛋出库前要先经升温,当冷藏鲜蛋的温度比环境低 3～5℃时才可出库。此法保存效果好,但投入大,运行成本较高。实际生产中,应尽量避免长时间保存。

2. 石灰水贮藏法

这是一种良好的民间贮藏法,方法简便、费用低廉。其原理是生石灰加水后其溶液呈碱性,与鲜蛋的呼吸作用产生的二氧化碳反应产生一种不溶于水的碳酸氢钙微粒沉积于蛋的表面,堵塞蛋壳气孔,从而阻止了蛋的呼吸作用,同时也阻止了外界微生物向蛋内的侵入。石灰水贮蛋,在10～15℃的条件下可贮藏 4～5 个月。其溶液在夏季最高温度不得超过23℃,冬季不能结冰。

石灰水的配制方法是:取 100 千克水加 3 千克生石灰,搅拌后静置沉淀,待溶液澄清,温度下降至 10℃以下时,取出清液注入容器中,使石

灰水淹过蛋面20～50厘米即可。贮存期间，溶液表面会形成一层碳酸钙的硬质薄膜，若发现此膜消失，应立即更换新的石灰水。

3. 蔗糖脂肪酸酯贮蛋法

将鲜蛋装入篓或筐内，放入1%的蔗糖脂肪酸酯液中浸泡2秒钟，取出风干，常温下存放于室内，适当通风。此法贮藏效果较好，在室温25℃以下，可保鲜6个月，25～30℃条件下可贮藏1个月。这种贮藏法主要是利用蔗糖脂肪酸酯在蛋壳表面形成一层保护膜，使蛋内的呼吸作用减缓，蛋内水分散失减弱而达到保鲜贮藏的目的。

4. 简易贮藏法

此类蛋的保存方法有谷糠贮蛋法、松木屑贮蛋法、豆类贮蛋法、植物灰贮蛋法等。这几种方法的共同特点是要求容器干燥，在容器内放一层填充物摆一层蛋并将蛋的大头朝上，直到容器盛满鲜蛋为止。此类贮藏法的原理是隔离了容器中的部分空气，使蛋的呼吸作用降低，抑制蛋内微生物和酶的活动，延缓了蛋的生理变化。贮存的鲜蛋要求新鲜、清洁、无破损、不受潮，每15天翻动一次。此法适用于家庭少量鲜蛋的贮存。

七、排泄物综合利用和处理技术

随着畜牧业的快速发展，特别是规模化、集约化生产方式的采用，禽畜养殖过程中会集中生产出大量的粪尿、污水、有害气体等废弃物，如这些废弃物不加以适当利用和处理，就可能对畜禽的养殖环境造成污染，从而影响到正常的生产，进而影响到养殖所在地人们的生活环境。所以必须对养殖场产生的废弃物进行有效的处理和合理的利用，否则就会对土壤、水源、空气及周边环境造成污染，久而久之，还会对养殖场本身形成危害。

养殖场的废弃物包括畜禽粪尿、污水、畜禽的脱毛、污秽垫料、洒落的饲料、饲草、死亡畜禽的尸体以及有害的气体等等，其中以粪尿和污水(总称排泄物)的数量最大。为促进浙江省畜禽养殖方式尽快由粗放型向生态型、集约型转变，推进畜禽养殖废弃物资源化利用，实现畜禽养殖业可持续健康发展，全面改善农村环境质量，适应社会发展的需要，做好排泄物的综合利用和处理工作至关重要。

(一)处理原则

处理原则是：以全面、协调、可持续的科学发展观为指导，根据资源、环境等实际，科学规划，优化畜牧业养殖方式，以适度规模、专业化和产业化经营，推进清洁化、标准化生产，推行畜禽养殖废弃物减量化、资源化、无害化配套技术，有效控制畜禽养殖污染，改善生态环境质量，实现人与自然的和谐统一。

具体的应用原则是：

(1) 因地制宜，分类养殖。根据当地的自然和社会经济条件，结合畜禽养殖特点,充分发挥比较优势,突出区域特色,分类养殖。

(2) 农牧结合,生态养殖。养鸭规模产生的排泄物要与当地农田(地)有机肥消纳结合,或与养珍珠等水产养殖相匹配。

(3) 政策扶持,科学引导。畜禽养殖污染控制具有公益性,各养殖户要从实际出发,在当地政策的引导下科学制定处理方案。

(二) 排泄物综合利用和处理技术

1. 合理设置养殖场(区)

各养鸭场(户)要根据城乡发展总体规划和生态功能区的要求,因地制宜科学设置养殖场(区),在一定区域内,坚持总量控制、农牧结合、养养结合(养鸭和养珍珠等水产养殖)、种养平衡原则,合理布置新建的养殖场和畜牧小区,提倡按生态农业发展的要求与农田(水田、旱地)、园地、养殖水面等统一布局,确定新建畜禽养殖场的养殖规模。原则上按 1 亩(耕地、园地、水塘)配 60 只禽的标准配套建设养殖场。也可将畜禽生态养殖作为发展有机农业、绿色农业的有效模式。还可将规模畜禽场和畜牧小区的规划布局与基本农田整理结合起来,每千亩基本农田或园地,规划 1 万只规模禽场等。

2. 雨污分流

从栏舍设计技术上应考虑雨水与污水分别排放, 雨水不进入污水沟、渠。此外,畜禽排泄物要及时、单独清出,不与冲洗污水混合排出,并将产生的粪便及时运至贮存或处理场所,实现日产日清。

3. 堆肥处理

畜禽粪尿是一种优质的有机肥料, 在改善土壤的理化性状和培育地力等方面的作用是无机肥所不能替代的。主要处理方法为腐熟堆肥法, 也就是将粪便和污秽垫草等固形废弃物按一定比例堆积成一定形状的肥堆,利用好氧菌分解碳水化合物,产生热能和二氧化碳,同时又在厌氧菌的作用下,将有机质转化为腐殖质。另外,发酵过程中肥堆内温度较高,可杀灭其中的病原菌、寄生虫卵等。

堆肥时有条件的可建造封闭式的堆积房,无条件的可选择向阳、干燥、平坦的地面,将混合均匀的物料堆成下宽上窄的梯形状。为防止外表层干燥,或被鼠、雀等抓爬而变成灰尘,污染环境,可用塑料薄膜覆盖或稀泥进行封闭。为促使好氧菌的发酵,在肥堆表面要留一定的气孔,以促进空气与堆肥有充分的气体交换。当堆肥体积缩小,颜色呈暗褐色,堆肥内的有机质充分腐烂、质地松软、无粪臭味时就可利用。

4.“沉箱式”防污网处理

此处理方式不用改变饲养方式,仅对鸭子的活动水面进行改造。使用孔隙很小防污网将活动水面围起来,网必须沉到河(塘)底。利用水中藻类物质将防污网的孔隙封死,使鸭子的活动水面形成一个与河道独立的小环境。这样鸭子的粪便不会向河道扩散,直接沉入活动水面的底部,定期将沉入河底下的鸭粪便用捻泥的方式或用小型吸泥泵吸上来,并进行水质清理。

5. 沼气处理

近几年来,利用鸭粪、污水通过生物发酵产生沼气,通过生物降解,将鸭粪、污水处理成对环境危害程度较小的生物体的综合利用方式,在浙江省取得了较好的开发利用效果,受到了规模养殖场的普遍青睐。其基本原理就是利用厌氧细菌(主要为甲烷细菌)对粪尿、杂草、秸秆、垫料等进行厌氧发酵而产生以甲烷为主（占60%～70%）的一种混合气体,在生产过程中,氮素被分解成易被植物吸收的氮化物,同时因厌氧发酵又可杀死病原菌和寄生虫卵。发酵后的沼渣是一种很好的有机肥料,因此这是畜禽废弃物综合利用、防止环境污染和新能源开发的有效举措。

主要技术路线与方法参见图5。

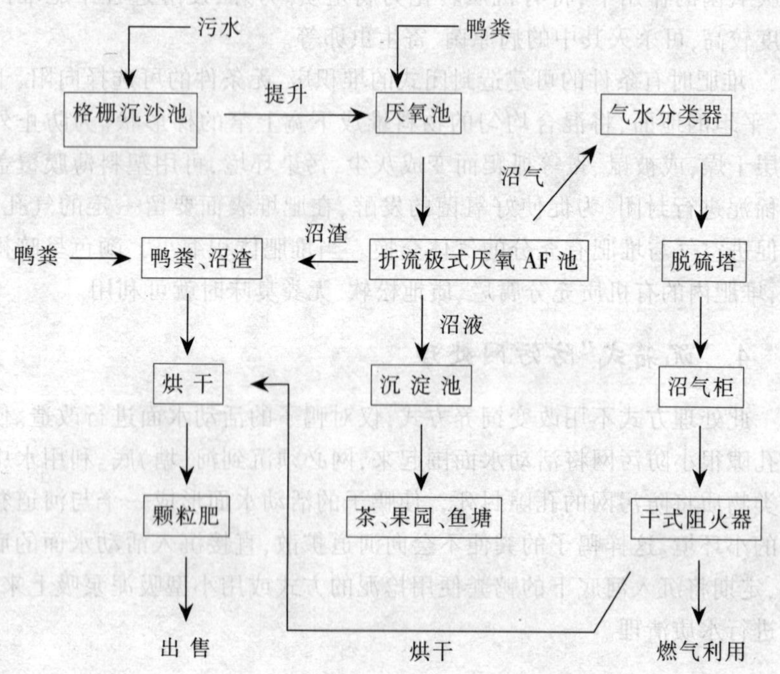

图 5　沼气处理主要技术路线和方法

此外,各养殖场(户)还可以用“稻鸭共育”、“鸭、珍珠配套养殖”、“禽、鱼配套养殖”、有机复合肥加工、人工湿地培植、生物制剂应用等畜禽养殖污染利用和处理实用技术来减少畜禽排泄物、废弃物对环境造成的污染。

八、畜禽养殖档案

建立养鸭生产记录档案，是实行无公害生产和产品质量可追溯性的必备条件和重要依据，是规范畜牧业生产过程、严格实施质量安全控制的有效措施，也是不断提高生产者生产管理水平的重要途径。建立养鸭生产记录，如实记录生产中免疫、用药、消毒等情况，是法律规定的养鸭场(户)必须强制实施的工作。《中华人民共和国畜牧法》第四十一条明确规定了要建立养殖档案，并明确了记录的内容；同时在第六十六条中设定了法律责任，没有记录档案的，可处罚1万元以下的罚款。《中华人民共和国农产品质量安全法》第四十七条也有明确的相应的处罚规定。因此，一个养鸭企业、养鸭小区或养鸭合作社的鸭农，必须要有完整的生产管理记录档案。

(一)养殖记录表格及内容

养殖生产记录包括使用兽药、饲料投入品的名称、来源、用法、用量和使用、停用的日期，动物疫病的发生和防治情况，产品上市销售或屠宰的日期等主要内容。根据农产品生产和畜禽养殖特点，结合浙江实际，2007年浙江省农业厅推行了养殖生产记录的统一格式，供广大种植、养殖生产者使用。

养殖生产记录档案的封页格式参见图6，养殖记录表格及其内容参见表17～29。

×××畜禽养殖记录

单位名称：______________________

畜禽标识代码：______________________

动物防疫合格证编号：______________________

畜禽种类：__________ 养殖规模：__________

地址：__________ 电话：__________

使用日期：______________________

监管人：__________ 电话：__________

图6　养殖记录封页

表 17　疫苗购、领记录表

填表人：

购入日期	疫苗名称	规格	生产厂家	批准文号	生产批号	来源（经销点）	购入数量	发出数量	结存数量

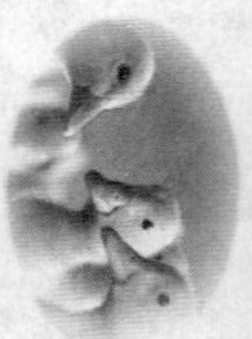

表 18　兽药(含消毒药)购、领记录表

填表人：

购入日期	名称	规格	生产厂家	批准文号	生产批号	来源(经销点)	购入数量	发出数量	结存数量

表 19　饲料添加剂、预混料、饲料购、领记录表

填表人：

购入日期	名称	规格	生产厂家	批准文号或合格证号	生产批号或生产日期	来源（生产厂或经销商）	购入数量	发出数量	结存数量

表20　疫苗免疫记录表

填表人：

免疫日期	疫苗名称	生产厂家	免疫动物批次日龄	栋、栏号	免疫数（只）	免疫次数	存栏数（头、只）	免疫方法	免疫剂量（毫升/只）	耳标佩戴数(个)	责任兽医

表 21 兽药（含药物添加剂）使用表

填表人：

开始用药时间	栋、栏号	动物批次日龄	兽药名称	生产厂家	给药方式	用药动物数	每日剂量	用药目的（防病或治病）	停药日期	兽医签名

表 22　饲料、预混料使用记录表

填表人：

日期	栋、栏号	动物存数（只）	饲料或预混合料名称	生产厂家或自配	饲喂数量（千克）	备注

表 23　消毒记录表

填表人：

消毒日期	消毒药名称	生产厂家	消毒场所	配制浓度	消毒方式	操作者

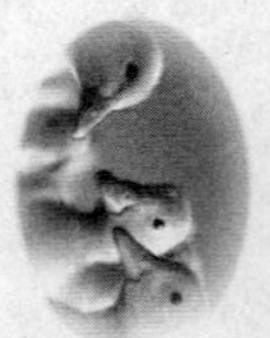

表 24　诊疗记录表

填表人：

发病日期	发病动物栋、栏号	发病动物群体只数	发病数	发病动物日龄	病名或病因	处理方法	用药名称	用药方法	诊疗结果	兽医签名

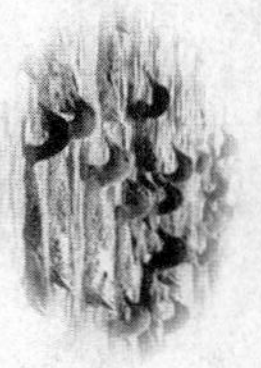

表 25　防疫(抗体)监测记录表

填表人：

采样日期	栋、栏号	监测群体只数	采样数量	监测项目	监测单位	监测方法	监测结果	处理情况	备注

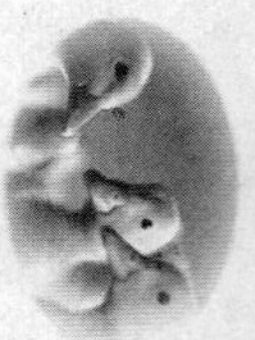

表 26　病、残、死亡动物处理记录表

填表人：

处理日期	栋、栏号	动物日龄	淘汰数（只）	死亡数（只）	病、残、死亡主要原因	处理方法	处理人	兽医签名

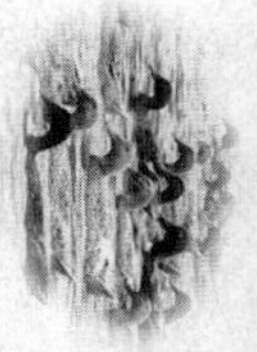

表 27　引种记录表

填表人：

进场日期	品种	引种数量（只）	供种（畜禽）场或哺坊	检疫证编号	隔离时间	并群日期	兽医签名

表 28　生产记录表（按日或变动记录）

填表人：

日期	栋、栏号	变动情况（只）				存栏数（只）	备注
		出生	调入数	调出数	死亡、淘汰数		

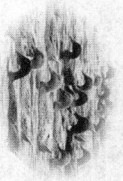

表 29　出场销售和检疫情况记录表

填表人：

出场日期	品种	栋、栏号	数量(只)	出售动物日龄	销往地点及货主	检疫情况			曾使用的有停药期要求的药物		经办人
						合格只数	检疫证号	检疫员	药物名称	停药时动物日龄	

(二)养殖记录表格使用和填写说明

(1) 封页(见图 6)。包括畜禽养殖场名称、畜禽标识代码、动物防疫合格证编号、畜禽种类、养殖规模、地址、电话、使用日期、监管人及联系电话等 10 项内容。其中:畜禽养殖场填写畜禽养殖场、养殖公司、畜牧小区、农民专业合作经济组织名称;畜禽标识代码填写每个场申请畜禽标识所得到的任务号; 动物防疫合格证编号是指当地县级畜牧兽医主管部门按照《中华人民共和国动物防疫法》规定发放的《动物防疫合格证》的号码;畜禽种类、养殖规模、地址、电话的填写应如实填写;监管人填写联场带户责任人的姓名及电话。

(2) 疫苗购、领记录表(见表 17)。是指购买疫苗或领用疫苗的记录表。填写该表时,应记录购入疫苗的日期,同时把疫苗名称、规格、疫苗生产厂家名称、批准文号、生产批号等均按疫苗产品标签说明书上的信息进行记录。如果发现上述信息不符合《兽药管理条例》规定的,及时与供货单位联系,也可报告监管人。无文号、无生产批号、或过期产品不得使用。

(3) 兽药(含消毒药)购、领记录表(见表 18)和饲料添加剂、预混料、饲料购、领记录表(见表 19)。需记录的内容与表 17 基本相同。

表 17～19 这 3 张表均是购买或领用饲料兽药投入品的记录,如发生质量问题,可追溯到生产企业或经营单位。

(4) 疫苗免疫记录表(见表 20)。本表的记录非常重要,从记录表上可以查阅该养鸭场是否按照免疫程序免疫,免疫时间、剂量是否合理。养鸭者也可从记录表上计算下一次的免疫的疫苗、免疫的时间等。本表除了记录疫苗名称、生产厂家外,重点要记录免疫日期、免疫时的动物日龄、栏舍号、免疫方法、免疫剂量、免疫只数、同一种疫苗第几次免疫等。其中,免疫动物批次日龄是指日龄相同(相近)的同批动物同时免疫的动物日龄;免疫方法是指免疫的具体方法,如喷雾、饮水、滴鼻、点眼、注射等方法;免疫次数是指动物重复接种某种疫苗的次数,即是首次免疫还是第 2 次加强免疫;免疫剂量是指每只的免疫毫升数。

(5) 兽药(含药物添加剂)使用记录表(见表21)。兽药使用记录主要是帮助生产者掌握药物的停药期，防止上市畜产品药物残留超标。同时,还可观察判别已使用药物的疗效,以便今后养鸭时借鉴。本表应记录开始用药和结束用药的日期、动物日龄、用药动物数、用药目的、给药方式、每日剂量等。此外,兽药名称、生产厂家也是必填的栏目。其中,表内的兽药名称应填写兽药的化学名称;给药方式填写药物使用的具体方法,如口服、肌肉注射、拌料饲喂等;每日剂量是指每只每天的用药剂量。

在填写兽药(含药物添加剂)使用记录表时,应到栏舍观察兽药使用效果,如治疗用药,一般使用2～3个疗程(每个疗程3～5天)就能治愈,否则应更换药物。此外,在快到上市前要严格按照停药期停药。

(6) 饲料、预混料使用记录表(见表22)。本表填写相对简单一些,其中“饲料或预混合料名称”一栏应根据饲料或预混合饲料的外购情况填写。如饲料是外购的,则只要填写饲料名称;如用的是自配料,但预混合饲料是外购的,则只要填写预混合饲料名称就行。同样,“生产厂家或自配”一栏是指外购配合饲料的填写生产厂家名称,用自配料的要写明饲料添加剂和预混合饲料的生产厂家。

(7) 消毒记录表(见表23)。表中,消毒场所是指栏舍、附属设施、人员出入通道等场所；配制浓度是指消毒药液的稀释浓度如1∶50,1∶100等;消毒方式可填写熏蒸、喷洒、浸泡等。

(8) 诊疗记录表(见表24)。本表记录的内容较多,有发病动物所在的栏舍号、同群数量、发病数、发病动物日龄、病名或病因、处理方法、用药名称、用药方法、诊疗结果、兽医签名等。其中,发病群体是指发病动物所在栏舍的同一群动物的数量;兽医签名是指给予治疗的兽医签名。

(9) 防疫(抗体)监测记录表(见表25)。目前,养鸭场设立实验室能自开展疫病抗体检测的不多，大多是由县级或县级以上畜牧兽医管理机构进行不定期的抽检监测，或养鸭场抽样委托有关监测机构进行检测。不管是抽检的还是送检的,应及时填写防疫(抗体)监测记录表。表中,监测项目是指具体的监测内容如高致病性禽流感免疫抗体监测;监测结果可填写阳性、阴性、抗体效价数等;处理情况填写针对监测结果对畜禽采取的处理方法,如针对抗体效价低于正常水平,可填写为对畜禽进行重新免疫等。

(10)病、残、死亡动物处理记录表(见表26)。表中的淘汰数,死亡数,病、残、死亡主要原因,处理方法,处理人等栏目一般养鸭者都能填写清楚,但在实际生产中,往往存在只处理不记录或处理不规范的情况,这是必须逐步加以改进的。

(11)引种记录表和生产记录表(见表27、表28)。这是养鸭者日常的生产记录,应按实记录,并坚持进行。

(12)出场销售和检疫情况记录表(见表29)。该表可反映该批上市动物曾使用的有停药期要求的药物及停药时间。随着社会对动物产品质量安全的日益重视,上市动物及其产品的市场准入要求将会越来越高,预计该表将成为今后上市动物及其产品市场准入应提供的材料之一。

附　录

一、动物性食品中兽药最高残留限量

（中华人民共和国农业部公告第235号）

为加强兽药残留监控工作，保证动物性食品卫生安全，根据《兽药管理条例》规定，我部组织修订了《动物性食品中兽药最高残留限量》，现予发布，请各地遵照执行。自发布之日起，原发布的《动物性食品中兽药最高残留限量》（农牧发〔1999〕17号）同时废止。

附件：动物性食品中兽药最高残留限量。

2002年10月24日

附表1　已批准的动物食品中最高残留限量规定（有关鸭肉和鸭蛋部分）

药物名称	动物种类	靶组织	残留限量（微克/千克）
双甲脒	禽	肌肉、脂肪	各10
		副产品	50
阿莫西林	所有食品动物	肌肉、脂肪、肝、肾	各50
氨苄西林	所有食品动物	肌肉、脂肪、肝、肾	各50
杆菌肽	禽	可食组织	500
	禽	蛋	500
氯唑西林	所有食品动物	肌肉、脂肪、肝、肾	各300
环丙氨嗪	禽	肌肉、脂肪、副产品	各50
达氟沙星	家禽	肌肉	200
		皮+脂	100
		肝、肾	各400

续表

药物名称	动物种类	靶组织	残留限量(微克/千克)
地克珠利	禽	肌肉	500
		脂肪	1000
		肝	3000
		肾	2000
二氟沙星	家禽	肌肉	300
		皮+脂	400
		肝	1900
		肾	600
多西环素	禽(产蛋鸡禁用)	肌肉	100
		皮+脂	300
		肝	300
		肾	600
恩诺沙星	禽(产蛋鸡禁用)	肌肉	100
		皮+脂	100
		肝	200
		肾	300
红霉素	所有食品动物	肌肉、脂肪、肝、肾	各200
		蛋	150
乙氧酰胺苯甲酯	禽	肌肉	500
		肝、肾	各1500
倍硫磷	禽	肌肉、脂肪、副产品	各100
氟苯尼考	家禽(产蛋期禁用)	肌肉	100
		皮+脂	200
		肝	2500
		肾	750

续表

药物名称	动物种类	靶组织	残留限量(微克/千克)
氟苯咪唑	禽	肌肉	200
		肝	500
		蛋	400
氟胺氰菊酯	所有动物	肌肉、脂肪、副产品	各10
吉他霉素	禽	肌肉、肝、肾	各200
左旋咪唑	禽	肌肉、脂肪、肾	各10
		肝	100
林可霉素	禽	肌肉、脂肪	各100
		肝	500
		肾	1500
马拉硫磷	禽	肌肉、脂肪、副产品	各4000
苯唑西林	所有食品动物	肌肉、脂肪、肝、肾	各300
土霉素/金霉素/四环素	所有食品动物	肌肉	100
		肝	300
		肾	600
	禽	蛋	200
磺胺类	所有食品动物	肌肉、脂肪、肝、肾	各100
甲氧苄啶	禽	肌肉、皮+脂、肝、肾	各50
维吉尼霉素	禽	肌肉	100
		脂肪、皮	200
		肝	300
		肾	500

注:食品动物:是指各种供人食用或其产品供人食用的动物;肌肉:指肌肉组织;皮+脂:是指带脂肪的可食皮肤;副产品:是指除肌肉、脂肪以外的所有可食组织,包括肝、肾。

附表 2　允许作治疗用，但不得在动物性食品中检出的药物

药物名称	动物种类	靶组织
氯丙嗪	所有食品动物	所有可食组织
地西泮（安定）	所有食品动物	所有可食组织
地美硝唑	所有食品动物	所有可食组织
苯甲酸雌二醇	所有食品动物	所有可食组织
甲硝唑	所有食品动物	所有可食组织
苯丙酸诺龙	所有食品动物	所有可食组织
丙酸睾酮	所有食品动物	所有可食组织

注：食品动物：是指各种供人食用或其产品供人食用的动物；可食组织：是指全部可食用的动物组织以及蛋和奶。

附表 3　禁止使用的药物，在动物性食品中不得检出

药物名称	禁用动物种类	靶组织
氯霉素及其盐、酯（包括琥珀氯霉素）	所有食品动物	所有可食组织
克伦特罗及其盐、酯	所有食品动物	所有可食组织
沙丁胺醇及其盐、酯	所有食品动物	所有可食组织
西马特罗及其盐、酯	所有食品动物	所有可食组织
氨苯砜	所有食品动物	所有可食组织
己烯雌酚及其盐、酯	所有食品动物	所有可食组织
呋喃它酮	所有食品动物	所有可食组织
呋喃唑酮	所有食品动物	所有可食组织
林丹	所有食品动物	所有可食组织
呋喃苯烯酸钠	所有食品动物	所有可食组织
安眠酮	所有食品动物	所有可食组织
洛硝达唑	所有食品动物	所有可食组织
玉米赤霉醇	所有食品动物	所有可食组织
去甲雄三烯醇酮	所有食品动物	所有可食组织
醋酸甲孕酮	所有食品动物	所有可食组织

续表

药物名称	禁用动物种类	靶组织
硝基酚钠	所有食品动物	所有可食组织
硝呋烯腙	所有食品动物	所有可食组织
毒杀芬(氯化烯)	所有食品动物	所有可食组织
呋喃丹(克百威)	所有食品动物	所有可食组织
杀虫脒(克死螨)	所有食品动物	所有可食组织
酒石酸锑钾	所有食品动物	所有可食组织
锥虫砷胺	所有食品动物	所有可食组织
孔雀石绿	所有食品动物	所有可食组织
五氯酚酸钠	所有食品动物	所有可食组织
氯化亚汞(甘汞)	所有食品动物	所有可食组织
硝酸亚汞	所有食品动物	所有可食组织
醋酸汞	所有食品动物	所有可食组织
吡啶基醋酸汞	所有食品动物	所有可食组织
三甲基睾丸酮	所有食品动物	所有可食组织
群勃龙	所有食品动物	所有可食组织

注:食品动物:是指各种供人食用或其产品供人食用的动物;可食组织:是指全部可食用的动物组织以及蛋和奶。

二、无公害食品　禽肉及禽副产品(NY5034—2005)

理化指标要求(药物残留和重金属限量为主)

项　目	产品指标	
	禽　肉	禽副产品
解冻失水率(%)	≤8	—
挥发性盐基氮(毫克/100克)	≤15	≤15
砷(以As计)(毫克/千克)	≤0.5	≤0.5
铅(以Pb计)(毫克/千克)	≤0.1	≤0.10
汞(以Hg计)(毫克/千克)	≤0.05	≤0.05
镉(以Cd计)(毫克/千克)	≤0.1	≤0.10
土霉素(毫克/千克)	≤0.10	肝≤0.30 肾≤0.60
金霉素(毫克/千克)	≤0.10	肝≤0.30 肾≤0.60
磺胺类(以磺胺类总量计)(毫克/千克)	≤0.10	≤0.01
氯羟吡啶(克球粉)(毫克/千克)	≤0.05	≤0.05
恩诺沙星(恩诺沙星+环丙沙星)(毫克/千克)	≤0.1	皮、脂≤0.10 肝≤0.20 肾≤0.30

续表

项 目	产品指标	
	禽 肉	禽副产品
环丙沙星(毫克 / 千克)	≤0.1	皮、脂 ≤ 0.10 肝 ≤ 0.20 肾 ≤ 0.30

注:兽药、农药最高残留限量和其他有毒有害物质限量应符合国家相关规定。

微生物指标要求

项 目	产品指标		
	鲜禽肉	冻禽肉	禽副产品
菌落总数(cfu/ 克)	$\leqslant 5\times10^5$	$\leqslant 5\times10^5$	$\leqslant 5\times10^5$
大肠菌群(MPN/100 克)	$<1\times10^4$	$<1\times10^3$	$<1\times10^3$
沙门氏菌	不得检出		

三、无公害食品　鲜禽蛋(NY5039—2005)

理化指标要求(药物残留和重金属限量为主)

项　目	指　标
汞(以 Hg 计)(毫克 / 千克)	≤0.03
铅(以 Pb 计)(毫克 / 千克)	≤0.20
砷(以 As 计)(毫克 / 千克)	≤0.50
镉(以 Cd 计)(毫克 / 千克)	≤0.05
铬(以 Cr 计)(毫克 / 千克)	≤1.0
四环素(毫克 / 千克)	≤0.20
金霉素(毫克 / 千克)	≤0.20
土霉素(毫克 / 千克)	≤0.20
磺胺类(以磺胺类总量计)(毫克 / 千克)	≤0.10
恩诺沙星(毫克 / 千克)	不得检出

注:兽药、农药最高残留限量和其他有毒有害物质限量应符合国家相关规定。

微生物指标要求

项　目	产品指标
菌落总数(cfu/ 克)	≤5× 10^4
大肠菌群(MPN/100 克)	≤100
沙门氏菌	不得检出

四、饲料药物添加剂使用规范

（中华人民共和国农业部公告第168号）

为加强兽药的使用管理，进一步规范和指导饲料药物添加剂的合理使用，防止滥用饲料药物添加剂，根据《兽药管理条例》的规定，我部制定了《饲料药物添加剂使用规范》(以下简称《规范》)，现就有关问题公告如下：

1. 凡农业部批准的具有预防动物疾病、促进动物生长作用，可在饲料中长时间添加使用的饲料药物添加剂（品种收载于《规范》附件一中)，其产品批准文号须用“药添字”。生产含有《规范》附件一所列品种成分的饲料，必须在产品标签中标明所含兽药成分的名称、含量、适用范围、停药期规定及注意事项等。

2. 凡农业部批准的用于防治动物疾病，并规定疗程，仅是通过混饲给药的饲料药物添加剂(包括预混剂或散剂，品种收载于《规范》附件二中)，其产品批准文号须用“兽药字”，各畜禽养殖场及养殖户须凭兽医处方购买、使用，所有商品饲料中不得添加《规范》附件二中所列的兽药成分。

3. 除本《规范》收载品种及农业部今后批准允许添加到饲料中使用的饲料药物添加剂外，任何其他兽药产品一律不得添加到饲料中使用。

4. 兽用原料药不得直接加入饲料中使用，必须制成预混剂后方可添加到饲料中。

5. 各地兽药管理部门要对照本《规范》于10月底前完成本辖区饲料药物添加剂产品批准文号的清理整顿工作，印有原批准文号的产品标签、包装可使用至2001年12月底。

6. 凡从事饲料药物添加剂生产、经营活动的，必须履行有关的兽药报批手续，并接受各级兽药管理部门的管理和质量监督，违者按照兽药管理法规进行处理。

7. 本《规范》自2001年7月3日起执行。原我部《关于发布〈允许作饲料药物添加剂的兽药品种及使用规定〉的通知》(农牧发〔1997〕8号)

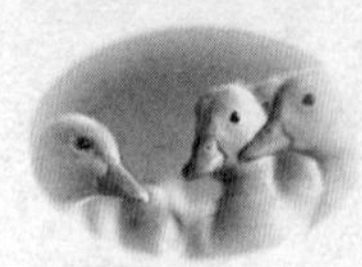

和《关于发布“饲料药物添加剂允许使用品种目录”的通知》(农牧发〔1994〕7 号)同时废止。

饲料药物添加剂附件一

序号	名　称
1	二硝托胺预混剂
2	马杜霉素铵预混剂
3	尼卡巴嗪预混剂
4	尼卡巴嗪、乙氧酰胺苯甲酯预混剂
5	甲基盐霉素、尼卡巴嗪预混剂
6	甲基盐霉素预混剂
7	拉沙洛西钠预混剂
8	氢溴酸常山酮预混剂
9	盐酸氯苯胍预混剂
10	盐酸氨丙啉、乙氧酰胺苯甲酯预混剂
11	盐酸氨丙啉、乙氧酰胺苯甲酯、磺胺喹噁啉预混剂
12	氯羟吡啶预混剂
13	海南霉素钠预混剂
14	赛杜霉素钠预混剂
15	地克珠利预混剂
16	复方硝基酚钠预混剂
17	氨苯砷酸预混剂
18	洛克沙胂预混剂
19	莫能菌素钠预混剂
20	杆菌肽锌预混剂
21	黄霉素预混剂
22	维吉尼亚霉素预混剂
23	喹乙醇预混剂

续表

序号	名　称
24	那西肽预混剂
25	阿美拉霉素预混剂
26	盐霉素钠预混剂
27	硫酸粘杆菌素预混剂
28	牛至油预混剂
29	杆菌肽锌、硫酸粘杆菌素预混剂
30	吉他霉素预混剂
31	土霉素钙
32	金霉素预混剂
33	恩拉霉素预混剂

饲料药物添加剂附件二

序号	名　称
1	磺胺喹噁啉、二甲氧苄啶预混剂
2	越霉素 A 预混剂
3	潮霉素 B 预混剂
4	地美硝唑预混剂
5	磷酸泰乐菌素预混剂
6	硫酸安普霉素预混剂
7	盐酸林可霉素预混剂
8	赛地卡霉素预混剂
9	伊维菌素预混剂
10	呋喃苯烯酸钠粉
11	延胡索酸泰妙菌素预混剂
12	环丙氨嗪预混剂
13	氟苯咪唑预混剂

续表

序号	名 称
14	复方磺胺嘧啶预混剂
15	盐酸林可霉素、硫酸大观霉素预混剂
16	硫酸新霉素预混剂
17	磷酸替米考星预混剂
18	磷酸泰乐菌素、磺胺二甲嘧啶预混剂
19	甲砜霉素散
20	诺氟沙星、盐酸小檗碱预混剂
21	维生素 C 磷酸酯镁、盐酸环丙沙星预混剂
22	盐酸环丙沙星、盐酸小檗碱预混剂
23	噁喹酸散
24	磺胺氯吡嗪钠可溶性粉

五、禁止在饲料和动物饮用水中使用的药物品种目录

（中华人民共和国农业部、卫生部、国家药品监督管理局公告第 176 号）

（一）肾上腺素受体激动剂

1. 盐酸克仑特罗(Clenbuterol Hydrochloride)：《中华人民共和国药典》(以下简称药典)2000 年二部 P.605。β_2 肾上腺素受体激动药。

2. 沙丁胺醇(Salbutamol)：药典 2000 年二部 P.316。β_2 肾上腺素受体激动药。

3. 硫酸沙丁胺醇(Salbutamol Sulfate)：药典 2000 年二部 P.870。β_2 肾上腺素受体激动药。

4. 莱克多巴胺(Ractopamine)：一种 β 兴奋剂，美国食品和药物管理局(FDA)已批准，中国未批准。

5. 盐酸多巴胺(Dopamine Hydrochloride)：药典 2000 年二部 P.591。多巴胺受体激动药。

6. 西巴特罗(Cimaterol)：美国氰胺公司开发的产品，一种 β 兴奋剂，FDA 未批准。

7. 硫酸特布他林(Terbutaline Sulfate)：药典 2000 年二部 P.890。β_2 肾上腺受体激动药。

（二）性激素

8. 已烯雌酚(Diethylstibestrol)：药典 2000 年二部 P.42。雌激素类药。

9. 雌二醇(Estradiol)：药典 2000 年二部 P.1005。雌激素类药。

10. 戊酸雌二醇(Estradiol Valcrate)：药典 2000 年二部 P.124。雌激素类药。

11. 苯甲酸雌二醇(Estradiol Benzoate)：药典 2000 年二部 P.369。雌激素类药。《中华人民共和国兽药典》(以下简称兽药典)2000 年版一部 P.109。雌激素类药。用于发情不明显动物的催情及胎衣滞留、死胎的排除。

12. 氯烯雌醚(Chlorotrianisene)：药典 2000 年二部 P.919。

13. 炔诺醇(Ethinylestradiol)：药典 2000 年二部 P.422。

14. 炔诺醚(Quinestml)：药典 2000 年二部 P.424。

15. 醋酸氯地孕酮 (Chlormadinone acetate)：药典 2000 年二部 P.1037。

16. 左炔诺孕酮(Levonorgestrel)：药典 2000 年二部 P.107。

17. 炔诺酮(Norethisterone)：药典 2000 年二部 P.420。

18. 绒毛膜促性腺激素(绒促性素)(Chorionic Conadotrophin)：药典 2000 年二部 P.534。促性腺激素药。兽药典 2000 年版一部 P.146。激素类药。用于性功能障碍、习惯性流产及卵巢囊肿等。

19. 促卵泡生长激素(尿促性素主要含卵泡刺激 FSHT 和黄体生成素 LH)(Menotropins)：药典 2000 年二部 P.321。促性腺激素类药。

（三）蛋白同化激素

20. 碘化酪蛋白(Iodinated Casein)：蛋白同化激素类，为甲状腺素的前驱物质，具有类似甲状腺素的生理作用。

21. 苯丙酸诺龙及苯丙酸诺龙注射液 (Nandrolone phenylpro pionate)：药典 2000 年二部 P.365。

（四）精神药品

22. 盐酸氯丙嗪(Chlorpromazine Hydrochloride)：药典 2000 年二部 P.676。抗精神病药。兽药典 2000 年版一部 P.177。镇静药。用于强化麻醉以及使动物安静等。

23. 盐酸异丙嗪(Promethazine Hydrochloride)：药典 2000 年二部 P.602。抗组胺药。兽药典 2000 年版一部 P.164。抗组胺药。用于变态反应性疾病，如荨麻疹、血清病等。

24. 安定(地西泮)(Diazepam)：药典 2000 年二部 P.214。抗焦虑药、抗惊厥药。兽药典 2000 年版一部 P.61。镇静药、抗惊厥药。

25. 苯巴比妥(Phenobarbital)：药典 2000 年二部 P.362。镇静催眠药、抗惊厥药。兽药典 2000 年版一部 P.103。巴比妥类药。缓解脑炎、破伤风、士的宁中毒所致的惊厥。

26. 苯巴比妥钠(Phenobarbital Sodium):兽药典2000年版一部P. 105。巴比妥类药。缓解脑炎、破伤风、士的宁中毒所致的惊厥。

27. 巴比妥(Barbital):兽药典2000年版二部P.27。中枢抑制和增强解热镇痛。

28. 异戊巴比妥(Amobarbital):药典2000年二部P.252。催眠药、抗惊厥药。

29. 异戊巴比妥钠(Amobarbital Sodium):兽药典2000年版一部P. 82。巴比妥类药。用于小动物的镇静、抗惊厥和麻醉。

30. 利血平(Reserpine):药典2000年二部P.304。抗高血压药。

31. 艾司唑仑(Estazolam)。

32. 甲丙氨脂(Mcprobamate)。

33. 咪达唑仑(Midazolam)。

34. 硝西泮(Nitrazepam)。

35. 奥沙西泮(Oxazcpam)。

36. 匹莫林(Pemoline)。

37. 三唑仑(Triazolam)。

38. 唑吡旦(Zolpidem)。

39. 其他国家管制的精神药品。

(五) 各种抗生素滤渣

40. 抗生素滤渣:该类物质是抗生素类产品生产过程中产生的工业三废,因含有微量抗生素成分,在饲料和饲养过程中使用后对动物有一定的促生长作用。但对养殖业的危害很大,一是容易引起耐药性,二是由于未做安全性试验,存在各种安全隐患。

六、食品动物禁用的兽药及其他化合物清单

（中华人民共和国农业部公告第193号）

为保证动物源性食品安全，维护人民身体健康，根据《兽药管理条例》的规定，我部制定了《食品动物禁用的兽药及其他化合物清单》（以下简称《禁用清单》），现公告如下：

1.《禁用清单》序号1～18所列品种的原料药及其单方、复方制剂产品停止生产，已在兽药国家标准、农业部专业标准及兽药地方标准中收载的品种，废止其质量标准，撤销其产品批准文号；已在我国注册登记的进口兽药，废止其进口兽药质量标准，注销其《进口兽药登记许可证》。

2. 截至2002年5月15日，《禁用清单》序号1～18所列品种的原料药及其单方、复方制剂产品停止经营和使用。

3.《禁用清单》序号19～21所列品种的原料药及其单方、复方制剂产品不准以抗应激、提高饲料报酬、促进动物生长为目的在食品动物饲养过程中使用。

食品动物禁用的兽药及其他化合物清单

序号	兽药及其他化合物名称	禁止用途	禁用动物
1	β-兴奋剂类：克仑特罗 Clenbuterol、沙丁胺醇 Salbutamol、西马特罗 Cimaterol 及其盐、酯及制剂	所有用途	所有食品动物
2	性激素类：已烯雌酚 Diethylstilbestrol 及其盐、酯及制剂	所有用途	所有食品动物
3	具有雌激素样作用的物质：玉米赤霉醇 Zeranol、去甲雄三烯醇酮 Trenbolone、醋酸甲孕酮 Mengestrol Acetate 及制剂	所有用途	所有食品动物

续表

序号	兽药及其他化合物名称	禁止用途	禁用动物
4	氯霉素 Chloramphenicol 及其盐、酯(包括:琥珀氯霉素 Chloramphenicol Succinate)及制剂	所有用途	所有食品动物
5	氨苯砜 Dapsone 及制剂	所有用途	所有食品动物
6	硝基呋喃类:呋喃唑酮 Furazolidone、呋喃它酮 Furaltadone、呋喃苯烯酸钠 Nifurstyrenate sodium 及制剂	所有用途	所有食品动物
7	硝基化合物:硝基酚钠 Sodium nitrophenolate、硝呋烯腙 Nitrovin 及制剂	所有用途	所有食品动物
8	催眠、镇静类:安眠酮 Methaqualone 及制剂	所有用途	所有食品动物
9	林丹(丙体六六六)Lindane	杀虫剂	所有食品动物
10	毒杀芬(氯化烯)Camahechlor	杀虫剂、清塘剂	所有食品动物
11	呋喃丹(克百威)Carbofuran	杀虫剂	所有食品动物
12	杀虫脒(克死螨)Chlordimeform	杀虫剂	所有食品动物
13	双甲脒 Amitraz	杀虫剂	水生食品动物
14	酒石酸锑钾 Antimony potassium tartrate	杀虫剂	所有食品动物
15	锥虫胂胺 Tryparsamide	杀虫剂	所有食品动物
16	孔雀石绿 Malachite green	抗菌、杀虫剂	所有食品动物
17	五氯酚酸钠 Pentachlorophenol sodium	杀螺剂	所有食品动物

续表

序号	兽药及其他化合物名称	禁止用途	禁用动物
18	各种汞制剂包括:氯化亚汞(甘汞)Calomel、硝酸亚汞 Mercurous nitrate、醋酸汞 Mercurous acetate、吡啶基醋酸汞 Pyridyl mercurous acetate	杀虫剂	所有食品动物
19	性激素类:甲基睾丸酮 Methyltestosterone、丙酸睾酮 Testosterone Propionate、苯丙酸诺龙 Nandrolone Phenylpropionate、苯甲酸雌二醇 Estradiol Benzoate 及其盐、酯及制剂	促生长	所有食品动物
20	催眠、镇静类:氯丙嗪 Chlorpromazine、地西泮(安定)Diazepam 及其盐、酯及制剂	促生长	所有食品动物
21	硝基咪唑类:甲硝唑 Metronidazole、地美硝唑 Dimetronidazole 及其盐、酯及制剂	促生长	所有食品动物

七、兽药停药期规定

（中华人民共和国农业部公告第278号）

为加强兽药使用管理，保证动物性产品质量安全，根据《兽药管理条例》规定，我部组织制订了兽药国家标准和专业标准中部分品种的停药期规定（见附件1），并确定了部分不需制订停药期规定的品种（见附件2），现予公告。

本公告自发布之日起执行。以前发布过的与本公告同品种兽药停药期不一致的，以本公告为准。

附件1：兽药停药期规定。

附件2：不需制订停药期的兽药品种。

附件1　兽药停药期规定

序号	兽药名称	执行标准	停药期
1	乙酰甲喹片	兽药规范92版	牛、猪35日
2	二氢吡啶	部颁标准	牛、肉鸡7日，弃奶期7日
3	二硝托胺预混剂	兽药典2000版	鸡3日，产蛋期禁用
4	土霉素片	兽药典2000版	牛、羊、猪7日，禽5日，弃蛋期2日，弃奶期3日
5	土霉素注射液	部颁标准	牛、羊、猪28日，弃奶期7日
6	马杜霉素预混剂	部颁标准	鸡5日，产蛋期禁用
7	双甲脒溶液	兽药典2000版	牛、羊21日，猪8日，弃奶期48小时，禁用于产奶羊
8	巴胺磷溶液	部颁标准	羊14日

续表

序号	兽药名称	执行标准	停药期
9	水杨酸钠注射液	兽药规范 65 版	牛 0 日,弃奶期 48 小时
10	四环素片	兽药典 90 版	牛 12 日、猪 10 日、鸡 4 日,产蛋期禁用,产奶期禁用
11	甲砜霉素片	部颁标准	28 日,弃奶期 7 日
12	甲砜霉素散	部颁标准	28 日,弃奶期 7 日,鱼 500 度·日
13	甲基前列腺素 F2a 注射液	部颁标准	牛 1 日,猪 1 日,羊 1 日
14	甲硝唑片	兽药典 2000 版	牛 28 日
15	甲磺酸达氟沙星注射液	部颁标准	猪 25 日
16	甲磺酸达氟沙星粉	部颁标准	鸡 5 日,产蛋鸡禁用
17	甲磺酸达氟沙星溶液	部颁标准	鸡 5 日,产蛋鸡禁用
18	甲磺酸培氟沙星可溶性粉	部颁标准	28 日,产蛋鸡禁用
19	甲磺酸培氟沙星注射液	部颁标准	28 日,产蛋鸡禁用
20	甲磺酸培氟沙星颗粒	部颁标准	28 日,产蛋鸡禁用
21	亚硒酸钠维生素 E 注射液	兽药典 2000 版	牛、羊、猪 28 日
22	亚硒酸钠维生素 E 预混剂	兽药典 2000 版	牛、羊、猪 28 日
23	亚硫酸氢钠甲萘醌注射液	兽药典 2000 版	0 日
24	伊维菌素注射液	兽药典 2000 版	牛、羊 35 日,猪 28 日,泌乳期禁用
25	吉他霉素片	兽药典 2000 版	猪、鸡 7 日,产蛋期禁用
26	吉他霉素预混剂	部颁标准	猪、鸡 7 日,产蛋期禁用
27	地西泮注射液	兽药典 2000 版	28 日
28	地克珠利预混剂	部颁标准	鸡 5 日,产蛋期禁用
29	地克珠利溶液	部颁标准	鸡 5 日,产蛋期禁用

续表

序号	兽药名称	执行标准	停药期
30	地美硝唑预混剂	兽药典2000版	猪、鸡28日,产蛋期禁用
31	地塞米松磷酸钠注射液	兽药典2000版	牛、羊、猪21日,弃奶期3日
32	安乃近片	兽药典2000版	牛、羊、猪28日,弃奶期7日
33	安乃近注射液	兽药典2000版	牛、羊、猪28日,弃奶期7日
34	安钠咖注射液	兽药典2000版	牛、羊、猪28日,弃奶期7日
35	那西肽预混剂	部颁标准	鸡7日,产蛋期禁用
36	吡喹酮片	兽药典2000版	28日,弃奶期7日
37	芬苯哒唑片	兽药典2000版	牛、羊21日,猪3日,弃奶期7日
38	芬苯哒唑粉 (苯硫苯咪唑粉剂)	兽药典2000版	牛、羊14日,猪3日,弃奶期5日
39	苄星邻氯青霉素注射液	部颁标准	牛28日,产犊后4天禁用,泌乳期禁用
40	阿司匹林片	兽药典2000版	0日
41	阿苯达唑片	兽药典2000版	牛14日,羊4日,猪7日,禽4日,弃奶期60小时
42	阿莫西林可溶性粉	部颁标准	鸡7日,产蛋鸡禁用
43	阿维菌素片	部颁标准	羊35日,猪28日,泌乳期禁用
44	阿维菌素注射液	部颁标准	羊35日,猪28日,泌乳期禁用
45	阿维菌素粉	部颁标准	羊35日,猪28日,泌乳期禁用
46	阿维菌素胶囊	部颁标准	羊35日,猪28日,泌乳期禁用
47	阿维菌素透皮溶液	部颁标准	牛、猪42日,泌乳期禁用
48	乳酸环丙沙星可溶性粉	部颁标准	禽8日,产蛋鸡禁用
49	乳酸环丙沙星注射液	部颁标准	牛14日,猪10日,禽28日,弃奶期84小时
50	乳酸诺氟沙星可溶性粉	部颁标准	禽8日,产蛋鸡禁用

续表

序号	兽药名称	执行标准	停药期
51	注射用三氮脒	兽药典 2000 版	28 日,弃奶期 7 日
52	注射用苄星青霉素(注射用苄星青霉素 G)	兽药规范 78 版	牛、羊 4 日,猪 5 日,弃奶期 3 日
53	注射用乳糖酸红霉素	兽药典 2000 版	牛 14 日,羊 3 日,猪 7 日,弃奶期 3 日
54	注射用苯巴比妥钠	兽药典 2000 版	28 日,弃奶期 7 日
55	注射用苯唑西林钠	兽药典 2000 版	牛、羊 14 日,猪 5 日,弃奶期 3 日
56	注射用青霉素钠	兽药典 2000 版	0 日,弃奶期 3 日
57	注射用青霉素钾	兽药典 2000 版	0 日,弃奶期 3 日
58	注射用氨苄青霉素钠	兽药典 2000 版	牛 6 日,猪 15 日,弃奶期 48 小时
59	注射用盐酸土霉素	兽药典 2000 版	牛、羊、猪 8 日,弃奶期 48 小时
60	注射用盐酸四环素	兽药典 2000 版	牛、羊、猪 8 日,弃奶期 48 小时
61	注射用酒石酸泰乐菌素	部颁标准	牛 28 日,猪 21 日,弃奶期 96 小时
62	注射用喹嘧胺	兽药典 2000 版	28 日,弃奶期 7 日
63	注射用氯唑西林钠	兽药典 2000 版	牛 10 日,弃奶期 2 日
64	注射用硫酸双氢链霉素	兽药典 90 版	牛、羊、猪 18 日,弃奶期 72 小时
65	注射用硫酸卡那霉素	兽药典 2000 版	28 日,弃奶期 7 日
66	注射用硫酸链霉素	兽药典 2000 版	牛、羊、猪 18 日,弃奶期 72 小时
67	环丙氨嗪预混剂(1%)	部颁标准	鸡 3 日
68	苯丙酸诺龙注射液	兽药典 2000 版	28 日,弃奶期 7 日
69	苯甲酸雌二醇注射液	兽药典 2000 版	28 日,弃奶期 7 日
70	复方水杨酸钠注射液	兽药规范 78 版	28 日,弃奶期 7 日
71	复方甲苯咪唑粉	部颁标准	鳗 150 度·日
72	复方阿莫西林粉	部颁标准	鸡 7 日,产蛋期禁用
73	复方氨苄西林片	部颁标准	鸡 7 日,产蛋期禁用

续表

序号	兽药名称	执行标准	停药期
74	复方氨苄西林粉	部颁标准	鸡7日,产蛋期禁用
75	复方氨基比林注射液	兽药典2000版	28日,弃奶期7日
76	复方磺胺对甲氧嘧啶片	兽药典2000版	28日,弃奶期7日
77	复方磺胺对甲氧嘧啶钠注射液	兽药典2000版	28日,弃奶期7日
78	复方磺胺甲噁唑片	兽药典2000版	28日,弃奶期7日
79	复方磺胺氯哒嗪钠粉	部颁标准	猪4日,鸡2日,产蛋期禁用
80	复方磺胺嘧啶钠注射液	兽药典2000版	牛、羊12日,猪20日,弃奶期48小时
81	枸橼酸乙胺嗪片	兽药典2000版	28日,弃奶期7日
82	枸橼酸哌嗪片	兽药典2000版	牛、羊28日,猪21日,禽14日
83	氟苯尼考注射液	部颁标准	猪14日,鸡28日,鱼375度·日
84	氟苯尼考粉	部颁标准	猪20日,鸡5日,鱼375度·日
85	氟苯尼考溶液	部颁标准	鸡5日,产蛋期禁用
86	氟胺氰菊酯条	部颁标准	流蜜期禁用
87	氢化可的松注射液	兽药典2000版	0日
88	氢溴酸东莨菪碱注射液	兽药典2000版	28日,弃奶期7日
89	洛克沙胂预混剂	部颁标准	5日,产蛋期禁用
90	恩诺沙星片	兽药典2000版	鸡8日,产蛋鸡禁用
91	恩诺沙星可溶性粉	部颁标准	鸡8日,产蛋鸡禁用
92	恩诺沙星注射液	兽药典2000版	牛、羊14日,猪10日,兔14日
93	恩诺沙星溶液	兽药典2000版	禽8日,产蛋鸡禁用
94	氧阿苯达唑片	部颁标准	羊4日
95	氧氟沙星片	部颁标准	28日,产蛋鸡禁用
96	氧氟沙星可溶性粉	部颁标准	28日,产蛋鸡禁用

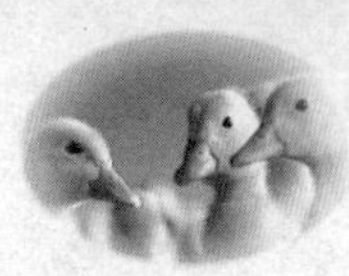

续表

序号	兽药名称	执行标准	停药期
97	氧氟沙星注射液	部颁标准	28日,弃奶期7日,产蛋鸡禁用
98	氧氟沙星溶液(碱性)	部颁标准	28日,产蛋鸡禁用
99	氧氟沙星溶液(酸性)	部颁标准	28日,产蛋鸡禁用
100	氨苯胂酸预混剂	部颁标准	5日,产蛋鸡禁用
101	氨茶碱注射液	兽药典2000版	28日,弃奶期7日
102	海南霉素钠预混剂	部颁标准	鸡7日,产蛋期禁用
103	烟酸诺氟沙星可溶性粉	部颁标准	28日,产蛋鸡禁用
104	烟酸诺氟沙星注射液	部颁标准	28日
105	烟酸诺氟沙星溶液	部颁标准	28日,产蛋鸡禁用
106	盐酸二氟沙星片	部颁标准	鸡1日
107	盐酸二氟沙星注射液	部颁标准	猪45日
108	盐酸二氟沙星粉	部颁标准	鸡1日
109	盐酸二氟沙星溶液	部颁标准	鸡1日
110	盐酸大观霉素可溶性粉	兽药典2000版	鸡5日,产蛋期禁用
111	盐酸左旋咪唑	兽药典2000版	牛2日,羊3日,猪3日,禽28日,泌乳期禁用
112	盐酸左旋咪唑注射液	兽药典2000版	牛14日,羊28日,猪28日,泌乳期禁用
113	盐酸多西环素片	兽药典2000版	28日
114	盐酸异丙嗪片	兽药典2000版	28日
115	盐酸异丙嗪注射液	兽药典2000版	28日,弃奶期7日
116	盐酸沙拉沙星可溶性粉	部颁标准	鸡0日,产蛋期禁用
117	盐酸沙拉沙星注射液	部颁标准	猪0日,鸡0日,产蛋期禁用
118	盐酸沙拉沙星溶液	部颁标准	鸡0日,产蛋期禁用
119	盐酸沙拉沙星片	部颁标准	鸡0日,产蛋期禁用

续表

序号	兽药名称	执行标准	停药期
120	盐酸林可霉素片	兽药典 2000 版	猪 6 日
121	盐酸林可霉素注射液	兽药典 2000 版	猪 2 日
122	盐酸环丙沙星、盐酸小檗碱预混剂	部颁标准	500 度·日
123	盐酸环丙沙星可溶性粉	部颁标准	28 日，产蛋鸡禁用
124	盐酸环丙沙星注射液	部颁标准	28 日，产蛋鸡禁用
125	盐酸苯海拉明注射液	兽药典 2000 版	28 日，弃奶期 7 日
126	盐酸洛美沙星片	部颁标准	28 日，弃奶期 7 日，产蛋鸡禁用
127	盐酸洛美沙星可溶性粉	部颁标准	28 日，产蛋鸡禁用
128	盐酸洛美沙星注射液	部颁标准	28 日，弃奶期 7 日
129	盐酸氨丙啉、乙氧酰胺苯甲酯、磺胺喹恶啉预混剂	兽药典 2000 版	鸡 10 日，产蛋鸡禁用
130	盐酸氨丙啉、乙氧酰胺苯甲酯预混剂	兽药典 2000 版	鸡 3 日，产蛋期禁用
131	盐酸氯丙嗪片	兽药典 2000 版	28 日，弃奶期 7 日
132	盐酸氯丙嗪注射液	兽药典 2000 版	28 日，弃奶期 7 日
133	盐酸氯苯胍片	兽药典 2000 版	鸡 5 日，兔 7 日，产蛋期禁用
134	盐酸氯苯胍预混剂	兽药典 2000 版	鸡 5 日，兔 7 日，产蛋期禁用
135	盐酸氯胺酮注射液	兽药典 2000 版	28 日，弃奶期 7 日
136	盐酸赛拉唑注射液	兽药典 2000 版	28 日，弃奶期 7 日
137	盐酸赛拉嗪注射液	兽药典 2000 版	牛、羊 14 日，鹿 15 日
138	盐霉素钠预混剂	兽药典 2000 版	鸡 5 日，产蛋期禁用
139	诺氟沙星、盐酸小檗碱预混剂	部颁标准	500 度·日

续表

序号	兽药名称	执行标准	停药期
140	酒石酸吉他霉素可溶性粉	兽药典 2000 版	鸡 7 日，产蛋期禁用
141	酒石酸泰乐菌素可溶性粉	兽药典 2000 版	鸡 1 日，产蛋期禁用
142	维生素 B_{12} 注射液	兽药典 2000 版	0 日
143	维生素 B_1 片	兽药典 2000 版	0 日
144	维生素 B_1 注射液	兽药典 2000 版	0 日
145	维生素 B_2 片	兽药典 2000 版	0 日
146	维生素 B_2 注射液	兽药典 2000 版	0 日
147	维生素 B_6 片	兽药典 2000 版	0 日
148	维生素 B_6 注射液	兽药典 2000 版	0 日
149	维生素 C 片	兽药典 2000 版	0 日
150	维生素 C 注射液	兽药典 2000 版	0 日
151	维生素 C 磷酸酯镁、盐酸环丙沙星预混剂	部颁标准	500 度·日
152	维生素 D_3 注射液	兽药典 2000 版	28 日，弃奶期 7 日
153	维生素 E 注射液	兽药典 2000 版	牛、羊、猪 28 日
154	维生素 K_1 注射液	兽药典 2000 版	0 日
155	喹乙醇预混剂	兽药典 2000 版	猪 35 日，禁用于禽、鱼、35 千克以上的猪
156	奥芬达唑片(苯亚砜哒唑)	兽药典 2000 版	牛、羊、猪 7 日，产奶期禁用
157	普鲁卡因青霉素注射液	兽药典 2000 版	牛 10 日，羊 9 日，猪 7 日，弃奶期 48 小时
158	氯羟吡啶预混剂	兽药典 2000 版	鸡 5 日，兔 5 日，产蛋期禁用
159	氯氰碘柳胺钠注射液	部颁标准	28 日，弃奶期 28 日

续表

序号	兽药名称	执行标准	停药期
160	氯硝柳胺片	兽药典 2000 版	牛、羊 28 日
161	氰戊菊酯溶液	部颁标准	28 日
162	硝氯酚片	兽药典 2000 版	28 日
163	硝碘酚腈注射液(克虫清)	部颁标准	羊 30 日,弃奶期 5 日
164	硫氰酸红霉素可溶性粉	兽药典 2000 版	鸡 3 日,产蛋期禁用
165	硫酸卡那霉素注射液(单硫酸盐)	兽药典 2000 版	28 日
166	硫酸安普霉素可溶性粉	部颁标准	猪 21 日,鸡 7 日,产蛋期禁用
167	硫酸安普霉素预混剂	部颁标准	猪 21 日
168	硫酸庆大—小诺霉素注射液	部颁标准	猪、鸡 40 日
169	硫酸庆大霉素注射液	兽药典 2000 版	猪 40 日
170	硫酸粘菌素可溶性粉	部颁标准	7 日,产蛋期禁用
171	硫酸粘菌素预混剂	部颁标准	7 日,产蛋期禁用
172	硫酸新霉素可溶性粉	兽药典 2000 版	鸡 5 日,火鸡 14 日,产蛋期禁用
173	越霉素 A 预混剂	部颁标准	猪 15 日,鸡 3 日,产蛋期禁用
174	碘硝酚注射液	部颁标准	羊 90 日,弃奶期 90 日
175	碘醚柳胺混悬液	兽药典 2000 版	牛、羊 60 日,泌乳期禁用
176	精制马拉硫磷溶液	部颁标准	28 日
177	精制敌百虫片	兽药规范 92 版	28 日
178	蝇毒磷溶液	部颁标准	28 日
179	醋酸地塞米松片	兽药典 2000 版	马、牛 0 日
180	醋酸泼尼松片	兽药典 2000 版	0 日
181	醋酸氟孕酮阴道海绵	部颁标准	羊 30 日,泌乳期禁用
182	醋酸氢化可的松注射液	兽药典 2000 版	0 日

续表

序号	兽药名称	执行标准	停药期
183	磺胺二甲嘧啶片	兽药典 2000 版	牛 10 日,猪 15 日,禽 10 日
184	磺胺二甲嘧啶钠注射液	兽药典 2000 版	28 日
185	磺胺对甲氧嘧啶、二甲氧苄氨嘧啶片	兽药规范 92 版	28 日
186	磺胺对甲氧嘧啶、二甲氧苄氨嘧啶预混剂	兽药典 90 版	28 日,产蛋期禁用
187	磺胺对甲氧嘧啶片	兽药典 2000 版	28 日
188	磺胺甲嘧唑片	兽药典 2000 版	28 日
189	磺胺间甲氧嘧啶片	兽药典 2000 版	28 日
190	磺胺间甲氧嘧啶钠注射液	兽药典 2000 版	28 日
191	磺胺脒片	兽药典 2000 版	28 日
192	磺胺喹嘧啉、二甲氧苄氨嘧啶预混剂	兽药典 2000 版	鸡 10 日,产蛋期禁用
193	磺胺喹嘧啉钠可溶性粉	兽药典 2000 版	鸡 10 日,产蛋期禁用
194	磺胺氯吡嗪钠可溶性粉	部颁标准	火鸡 4 日,肉鸡 1 日,产蛋期禁用
195	磺胺嘧啶片	兽药典 2000 版	牛 28 日
196	磺胺嘧啶钠注射液	兽药典 2000 版	牛 10 日,羊 18 日,猪 10 日,弃奶期 3 日
197	磺胺噻唑片	兽药典 2000 版	28 日
198	磺胺噻唑钠注射液	兽药典 2000 版	28 日
199	磷酸左旋咪唑片	兽药典 90 版	牛 2 日,羊 3 日,猪 3 日,禽 28 日,泌乳期禁用
200	磷酸左旋咪唑注射液	兽药典 90 版	牛 14 日,羊 28 日,猪 28 日,泌乳期禁用
201	磷酸哌嗪片(驱蛔灵片)	兽药典 2000 版	牛、羊 28 日,猪 21 日,禽 14 日
202	磷酸泰乐菌素预混剂	部颁标准	鸡、猪 5 日

附件2　不需制订停药期的兽药品种

序号	兽药名称	标准来源
1	乙酰胺注射液	兽药典2000版
2	二甲硅油	兽药典2000版
3	二巯丙磺钠注射液	兽药典2000版
4	三氯异氰脲酸粉	部颁标准
5	大黄碳酸氢钠片	兽药规范92版
6	山梨醇注射液	兽药典2000版
7	马来酸麦角新碱注射液	兽药典2000版
8	马来酸氯苯那敏片	兽药典2000版
9	马来酸氯苯那敏注射液	兽药典2000版
10	双氢氯噻嗪片	兽药规范78版
11	月苄三甲氯铵溶液	部颁标准
12	止血敏注射液	兽药规范78版
13	水杨酸软膏	兽药规范65版
14	丙酸睾酮注射液	兽药典2000版
15	右旋糖酐铁钴注射液(铁钴针注射液)	兽药规范78版
16	右旋糖酐40氯化钠注射液	兽药典2000版
17	右旋糖酐40葡萄糖注射液	兽药典2000版
18	右旋糖酐70氯化钠注射液	兽药典2000版
19	叶酸片	兽药典2000版
20	四环素醋酸可的松眼膏	兽药规范78版
21	对乙酰氨基酚片	兽药典2000版
22	对乙酰氨基酚注射液	兽药典2000版
23	尼可刹米注射液	兽药典2000版
24	甘露醇注射液	兽药典2000版
25	甲基硫酸新斯的明注射液	兽药规范65版
26	亚硝酸钠注射液	兽药典2000版

续表

序号	兽药名称	标准来源
28	安络血注射液	兽药规范 92 版
29	次硝酸铋(碱式硝酸铋)	兽药典 2000 版
30	次碳酸铋(碱式碳酸铋)	兽药典 2000 版
31	呋塞米片	兽药典 2000 版
32	呋塞米注射液	兽药典 2000 版
33	辛氨乙甘酸溶液	部颁标准
34	乳酸钠注射液	兽药典 2000 版
35	注射用异戊巴比妥钠	兽药典 2000 版
36	注射用血促性素	兽药规范 92 版
37	注射用抗血促性素血清	部颁标准
38	注射用垂体促黄体素	兽药规范 78 版
39	注射用促黄体素释放激素 A2	部颁标准
40	注射用促黄体素释放激素 A3	部颁标准
41	注射用绒促性素	兽药典 2000 版
42	注射用硫代硫酸钠	兽药规范 65 版
43	注射用解磷定	兽药规范 65 版
44	苯扎溴铵溶液	兽药典 2000 版
45	青蒿琥酯片	部颁标准
46	鱼石脂软膏	兽药规范 78 版
47	复方氯化钠注射液	兽药典 2000 版
48	复方氯胺酮注射液	部颁标准
49	复方磺胺噻唑软膏	兽药规范 78 版
50	复合维生素 B 注射液	兽药规范 78 版
51	宫炎清溶液	部颁标准
52	枸橼酸钠注射液	兽药规范 92 版
53	毒毛花苷 K 注射液	兽药典 2000 版

续表

序号	兽药名称	标准来源
54	氢氯噻嗪片	兽药典 2000 版
55	洋地黄毒苷注射液	兽药规范 78 版
56	浓氯化钠注射液	兽药典 2000 版
57	重酒石酸去甲肾上腺素注射液	兽药典 2000 版
58	烟酰胺片	兽药典 2000 版
59	烟酰胺注射液	兽药典 2000 版
60	烟酸片	兽药典 2000 版
61	盐酸大观霉素、盐酸林可霉素可溶性粉	兽药典 2000 版
62	盐酸利多卡因注射液	兽药典 2000 版
63	盐酸肾上腺素注射液	兽药规范 78 版
64	盐酸甜菜碱预混剂	部颁标准
65	盐酸麻黄碱注射液	兽药规范 78 版
66	萘普生注射液	兽药典 2000 版
67	酚磺乙胺注射液	兽药典 2000 版
68	黄体酮注射液	兽药典 2000 版
69	氯化胆碱溶液	部颁标准
70	氯化钙注射液	兽药典 2000 版
71	氯化钙葡萄糖注射液	兽药典 2000 版
72	氯化氨甲酰甲胆碱注射液	兽药典 2000 版
73	氯化钾注射液	兽药典 2000 版
74	氯化琥珀胆碱注射液	兽药典 2000 版
75	氯甲酚溶液	部颁标准
76	硫代硫酸钠注射液	兽药典 2000 版
77	硫酸新霉素软膏	兽药规范 78 版
78	硫酸镁注射液	兽药典 2000 版
79	葡萄糖酸钙注射液	兽药典 2000 版

续表

序号	兽药名称	标准来源
80	溴化钙注射液	兽药规范 78 版
81	碘化钾片	兽药典 2000 版
82	碱式碳酸铋片	兽药典 2000 版
83	碳酸氢钠片	兽药典 2000 版
84	碳酸氢钠注射液	兽药典 2000 版
85	醋酸泼尼松眼膏	兽药典 2000 版
86	醋酸氟轻松软膏	兽药典 2000 版
87	硼葡萄糖酸钙注射液	部颁标准
88	输血用枸橼酸钠注射液	兽药规范 78 版
89	硝酸士的宁注射液	兽药典 2000 版
90	醋酸可的松注射液	兽药典 2000 版
91	碘解磷定注射液	兽药典 2000 版
92	中药及中药成分制剂、维生素类、微量元素类、兽用消毒剂、生物制品类等五类产品(产品质量标准中有除外)	